Christine Erkens

HOMÖOPATHIE FÜR RINDER

3., aktualisierte Auflage

15 Farbfotos und 1 Zeichnung

Inhalt

Einleitung

Die Rinderhaltung ist ein wichtiger und großer Bereich der landwirtschaftlichen Tierhaltung. Durch den Wegfall mancher Medikamente, das Problem der Rückstände in Milch und Fleisch oder die Bildung von Resistenzen bei den bisher genutzten Medikamenten wächst das Interesse an alternativen und naturheilkundlichen Behandlungsmöglichkeiten. Die Bedeutung der Homöopathie als eine von vielen Möglichkeiten naturheilkundlich zu therapieren nimmt damit auch im Bereich der Rinderhaltung zu. Einige Betriebe arbeiten schon nach den Richtlinien für ökologische Landwirtschaft und nutzen homöopathische Mittel zur Gesunderhaltung oder Behandlung ihrer Tiere.

Während bei der Behandlung von Menschen die Homöopathie sehr weit verbreitet ist und Einzug in die Therapie von Haustieren wie Pferden, Hunden oder Katzen genommen hat, ist sie im Bereich der Nutztiere weniger etabliert.

Hier zeigen sich die Schwierigkeiten bei der homöopathischen Behandlung aufgrund der meist größeren Tierzahl, der zu beachtenden Rentabilität und Produktivität des Gesamtbetriebes, der mangelnden Zeit für die Beobachtung, Betreuung und Behandlung der Tiere und der fehlenden Homöopathie-Kenntnisse der Landwirte oder Tierhalter.

Dem gegenüber stehen die Vorteile einer homöopathischen Behandlung der Nutztiere und ein allgemeines Umdenken bei vielen Rinderhaltern, ein Offensein für neue „alte“ Behandlungsformen und Überdenken der Grundsätze der Rinderhaltung. Der Begriff des „Kuhkomforts“ ist relativ neu in der Landwirtschaft und stand zurzeit meiner Ausbildung noch nicht auf dem Lehrplan, ist heute jedoch in aller Munde.

Alles ist im Wandel, alles in Bewegung, so auch in der Landwirtschaft und im Bereich der Behandlung und Gesunderhaltung der Tiere. Deshalb soll dieses Buch ein weiterer Schritt auf dem Weg zur Anwendung der Homöopathie im Rinderbereich sein, der ergänzt und unterstützt werden kann durch die Mithilfe eines homöopathisch arbeitenden Tierarztes, Tierheilpraktikers, Tierhomöopathen und natürlich den Möglichkeiten der eigenen Fortbildung auf diesem Gebiet. Wegweisend ist hier oft der Besuch eines homöopathischen Arbeitskreises, das Gespräch von Rinderhaltern untereinander, das „zufällige“ Lesen von Fachartikeln in den bekannten Zeitschriften und eigene Erfahrungen in der Familie. Mit diesem Buch soll dem an der Homöopathie interessierten Rinderhalter, Tierarzt oder Tierheilpraktiker ein Überblick über die Homöopathie und über deren Einsatzmöglichkeit bei den am häufigsten vorkommenden Rinderkrankheiten an die Hand gegeben werden.

Ein tieferes Einarbeiten in dieses große Wissensgebiet mithilfe von Kursen, Seminaren oder Arbeitskreisen und ein Selbststudium der Fachliteratur ist notwendig, um Erfolge mit dieser Art der Behandlung zu erzielen. Damit wird ein allgemeines Umdenken verbunden sein und das Annehmen neuer Ideen und Überlegungen. Bei der Homöopathie im Kuhstall besteht die Problematik bei der „Übersetzung“ der ursprünglich auf den Menschen bezogenen Therapie. Die Literatur und die Grundlage der Therapie müssen zum großen Teil aus dem Humanbereich herangezogen werden. Besonders im Bereich der Schmerzäußerung, der Empfindungen und Gefühle, der persönlichen Vorlieben und Verhaltensweisen treten Schwierigkeiten bei der Übertragung der Merkmale vom Mensch auf das Tier auf und erschweren die homöopathische Vorgehensweise. Im

Bereich der Landwirtschaft fehlen in großen Betrieben oft der enge Kontakt und die genaue Beobachtung des Einzeltieres, die bei Pferd oder Hund einfacher ist. Das bedeutet, die Homöopathie kann in diesem Bereich nicht immer den strengen klassischen Grundsätzen der Einzeltier-Erfassung und der individuellen Behandlung folgen.

Die Homöopathie ist ebenso wie andere Therapieformen kein Allheilmittel oder eine Wundermedizin, weder für die Menschen noch für die Tiere. Sie ist aber eine **sinnvolle Therapiemöglichkeit** bei akuten und chronischen Krankheiten oder **ergänzt** die konventionellen Behandlungsmöglichkeiten bzw. andere Naturheilverfahren. Oft ist sie die einzige Möglichkeit, die eigentlich schon austherapierten und aufgegebenen Fälle zu kurieren. Das Hinzuziehen und die Arbeit des Tierarztes werden weiter notwendig sein und können im Idealfall zusammen mit der Homöopathie oder anderen Naturheilverfahren erfolgen. Mit der zunehmenden Erfahrung und Wissen über die Homöopathie wird im Laufe der Zeit die Krankheitsrate im Betrieb sinken.

Es würde den Rahmen dieses Buches sprengen, die gesamte Homöopathie in aller Ausführlichkeit und mit allen Einzelheiten darzustellen und zu beschreiben, deswegen beschränke ich mich auf eine kurze Zusammenfassung der wichtigsten Hintergründe.

Schwierigkeiten bereitet mir die Darstellung speziell der klassischen Homöopathie vor dem Hintergrund der Praxis im Kuhstall und dem Alltag auf dem landwirtschaftlichen Betrieb, wo der Landwirt von einer großen Herde, ihren Krankheiten und Problemen umgeben ist und meist unter Zeitdruck steht. Hier muss oft auf eine praxisnahe Behandlung mit homöopathischen Mitteln zurückgegriffen werden, die nicht der strengen klassischen Art entspricht, auf eine Therapie mit bewährten Kombinationen beispielsweise oder auf eine Behandlung von Symptomen, die ersichtlich sind. Nun kann hier der Vorwurf erfolgen, dass nicht klassisch homöopathisch gearbeitet wird und dass Krankheitszeichen weggedrückt würden, was nicht zur tieferen Heilung führen könne. Es zählen aber in erster Linie die Praxisbedingungen und die Umsetzbarkeit der Therapie im Alltag und nicht starre Regeln und Gesetze.
Mit zunehmender Erfahrung und bei guter Zusammenarbeit zwischen Landwirt und begleitendem Therapeuten wird im Laufe der Zeit zunehmend klassisch homöopathisch behandelt werden können, also mit dem passenden Einzelmitteln, weniger mit Kombinationsmitteln und über die reine Symptomenbetrachtung. Dies wird immer ein Prozess der Wandlung, des Wachsens und des Vorwärtskommens sein, in der eigenen Fortbildung und zunehmender Erfahrung sowie gleichzeitig in der Entwicklung des Betriebes und der Herde.

Wichtiger Hinweis: Die Gesetzgebung bezüglich der Anwendung der Homöopathie und der Aufzeichnungspflicht bei Lebensmittelliefernden Tieren variiert je nach Land und Jahr und muss aktuell beim Veterinäramt nachgefragt werden.

Wichtig: Ich bitte jeden Leser, den **Allgemeinen Teil** sorgfältig zu lesen und sich damit in das Gebiet der Homöopathie einzuarbeiten. Im **Speziellen Teil** gebe ich in der Regel bei den Einzelmitteln **keine** Potenzhöhen und Dosierungen, darum ist es wichtig, dass Sie sich mit den Grundlagen der Potenzwahl und Dosierung vertraut machen, siehe Seite 15.
Denn: **Jedes Tier** und **jeder Erkrankungsfall** ist **einzigartig** und sollte mit dem **individuell** passenden Mittel, der angemessenen Potenz, Verabreichungsform und Häufigkeit der Mittelgabe behandelt werden und nicht kochbuchartig nach Vorgabe.

Für meine Familie und meine Tiere,
für alle Rinder und alle Tiere dieser Welt
und für die Menschen,
die sich mit offenem Herzen
und wachen Auges
um sie kümmern.

Allgemeiner Teil

Neben einem notwendigen Grundlagenwissen über die physiologischen Normalwerte wie Körpertemperatur und Puls ist es für den Tierhalter notwendig, die Grundlagen der Homöopathie erfasst und verstanden zu haben, um erfolgreich damit zu arbeiten. Deshalb ist es wichtig, diesen allgemeinen Teil erst sorgfältig durchzulesen, um dann erfolgreich seinen Tieren helfen zu können.

Physiologische Normalwerte

Atmung

AUF EINEN BLICK
Rind: 16–36 Atemzüge/min
Kalb: 16–50 Atemzüge/min

Die Atemfrequenz stellen Sie am einfachsten durch Zählen des rhythmischen Hebens und Senkens des Brustkorbes fest. Neben der Atemfrequenz ist sowohl der Rhythmus zu beachten, möglicherweise treten Unregelmäßigkeiten auf, als auch die Qualität der Atmung zu beobachten, das heißt, ist die Atmung oberflächlich oder tief, zügig oder doppelschlägig.

Die Atmungsfrequenz ist beim gesunden Tier erhöht bei Aufregung und Bewegung, während der Trächtigkeit und bei hoher Milchleistung. Krankhaft verstärkt ist die Atmung bei allen schmerzhaften Prozessen, bei Stenosen in den Atemwegen und verminderter Elastizität der Lungen.

Bei Gehirnerkrankungen, bei einer Alkaloidgabe oder Agonie(Todeskampf) ist die Atemfrequenz krankhaft erniedrigt. Im Alter und bei zunehmender Körpergröße verringert sie sich auch beim gesunden Tier.

Temperatur

AUF EINEN BLICK
Rind: 38,0–39,0 °C
Kalb: 38,0–39,5 °C
Beide Werte als rektale Messung.

Die Tiere weisen individuelle Unterschiede in der Körpertemperatur auf, daneben kann die Temperatur bei Arbeit, bei hoher Außentemperatur oder Luftfeuchte, bei Erregung und Stress erhöht sein. Weibliche Tiere haben eine höhere Körpertemperatur als männliche.

Mit höherem Alter, höherem Körpergewicht und Größe und vor dem Abkalben nimmt die Körpertemperatur ab.

Puls/Herzfrequenz

AUF EINEN BLICK
Rind: 70–90 Schläge/min
Bulle: 60–80 Schläge/min
Kalb: 70–110 Schläge/min

Der Puls erfühlen Sie am besten an der Arteria facialis, an der Gesichtsvene am Rand des Kaumuskels, oder an der Schwanzarterie. An der Gesichtsvene lassen sich nicht nur die Pulsfrequenz, sondern auch die Regelmäßigkeit der Pulswellen, die Gleichmäßigkeit der Stärke des Pulses und die Qualität des Einzelpulses überprüfen.

Die Pulsfrequenz ist beim gesunden Tier erhöht bei Aufregung oder Trächtigkeit und generell bei jungen Tieren. Bei kranken Tieren ist sie erhöht bei Entzündungen, Schmerzen oder Verletzungen, bei Gehirn- oder Gefäßerkrankungen bzw. bei Vergiftungen.

Die Pulsfrequenz ist erniedrigt bei erkrankten Tieren mit kardialer oder zentraler Bradykardie(„Langsamherzigkeit“) oder einer Alkaloidvergiftung.

Schleimhäute

Die Schleimhäute können auf ihre Farbe, ihre Feuchtigkeit und ihre Oberflächenbeschaffenheit untersucht werden. Hier kommen die Bindehäute des Auges infrage, die durchsichtige Augenhaut, die Nasen- und Maulschleimhaut und die Genitalschleimhaut.

Die Schleimhautfarbe ist blass bei unterschiedlichen Formen der Blutarmut oder Zentralisation des Kreislaufs. Sie ist gelblich bei einer Verfärbung durch Gallenfarbstoff und Gelbsucht, gerötet oder rötlich bei einer Entzündungen, entweder lokal oder allgemein.

Ist die Schleimhaut ist bläulich oder lila, weist das auf eine Zyanose, hin und kommt bei einer schweren Erkrankung des Kreislaufes oder der Atemwege vor (Unterversorgung des Blutes mit Sauerstoff). Eine schmutzig-rote Farbe deutet auf eine Vergiftung oder Sepsis (Blutvergiftung) hin. Eine punktförmige oder flächenhafte Blutung in der Schleimhaut kann durch eine Sepsis, eine BVDV-Infektion oder eine Vergiftung hervorgerufen werden.

Rinder, egal ob Fleisch- oder Milchrasse, Zweinutzungsrasse oder das schottische Hochlandrind, können durch die Homöopathie gesundheitlich unterstützt werden.

Grundlagen der Homöopathie

Geschichte und Entwicklung der Homöopathie

Die Geschichte der Homöopathie beginnt in der Antike und ihr Neubegründer ist **Dr. Samuel Hahnemann**. Er wurde 1755 in Meißen geboren und wuchs in einfachen Verhältnissen auf, war sehr intelligent und sprachbegabt. Hahnemann studierte Medizin und eröffnete mit 24 Jahren seine eigene Arztpraxis. Doch er war zunehmend enttäuscht von der Medizin und den Therapieverfahren dieser Zeit und wurde von Zweifeln über seine Arbeit geplagt. Bei der Übersetzung der Materia medica, einem Pharmakologiebuch von William Cullen, stieß er auf Widersprüche im Bezug auf die Wirkung der Chinarinde. Er nahm nun, neugierig geworden, im Selbstversuch einige Tage Chinarinde ein.

Samuel Hahnemann, der bis heute viel diskutierte und umstrittene Wiederentdecker der homöopathischen Lehre.

Das Mittel rief bei ihm im gesunden Zustand die Symptome des Wechsel- oder Malariafiebers hervor, gegen die es sonst als Medikament eingesetzt wird. Aus dieser ersten Arzneimittelprüfung entwickelte Hahnemann das Ähnlichkeitsprinzip, das schon in der Antike bekannt war, und nun von ihm neu definiert wurde: **„Ähnliches möge mit Ähnlichem geheilt werden"**, auf lateinisch: „Similia similibus curentur." Die Grundlagen seiner Lehre sind in dem Hauptwerk, dem „Organon der rationellen Heilkunst" festgehalten, das 1810 veröffentlicht wurde.

Das Wort **Homöopathie** kommt aus der griechischen Sprache: *homoion* steht für ähnlich und *pathos* für Krankheit. Hahnemann entwickelte die Homöopathie vorrangig für den Menschen, es gibt jedoch auch ein unveröffentlichtes Werk über die Heilung der Haustiere.

Die Homöopathie breitete sich weltweit aus, in Amerika besonders durch die Begeisterung von **Constantin Hering** (1800–1880) und **James Tyler** (1849–1916).

Die Lehre der Homöopathie

Die Lehre der Homöopathie beruht auf dem **Ähnlichkeitsgesetz**, der **Arzneimittelprüfung** und der **Arzneimittelpotenzierung**.

In der Homöopathie wird mit dem **Simile** behandelt, dem Ähnlichen, also einer Arznei, die in starker Dosierung beim Gesunden die gleichen Symptome hervorbringt, wie ein Erkrankter sie zeigt. Das potenzierte homöopathische Mittel enthält einen energetischen

Chinarinde spielt eine wichtige Rolle bei Hahnemanns Erforschung der Homöopathie.

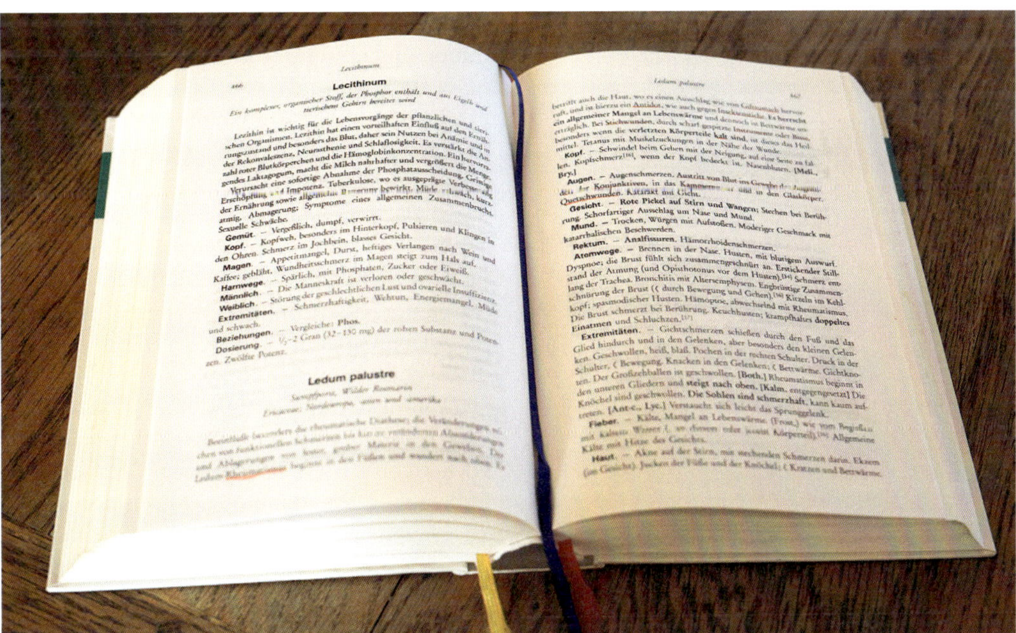

Eine Arzneimittellehre beschreibt die Wirkung der homöopathischen Heilmittel, geordnet nach dem Alphabet und dem Kopf-zu-Fuß-Schema.

Reiz, der auf das Abwehrsystem des Organismus wirkt und die Heilung auslöst.

Die Krankheit stellt hier eine innere Verstimmung der Lebenskraft dar, die jetzt wiederhergestellt werden soll. Das Symptom ist ein Anzeichen für eine Störung und für ein Ungleichgewicht der „Lebenskraft“.

Die **Auswahl des Mittels** wird aufgrund einer möglichst genauen Ähnlichkeit und Übereinstimmung von dem Krankheitsbild des betreffenden Tieres mit dem Arzneibild des ausgewählten homöopathischen Mittels getroffen.

Die Gesamtheit der Symptome des zu behandelnden, erkrankten Tieres führt zu dem passenden Mittel, nachdem sie genau beobachtet, aufgelistet und bewertet werden und mit einem **Repertorium** und einer **Arzneimittellehre** gemäß der klassischen Homöopathie ausgesucht werden.

Gelegentlich kann es zu einer **Erstreaktion** oder Erstverschlimmerung kommen. Die bestehenden Symptome verstärken sich kurzfristig, doch diese Reaktion klingt von alleine wieder ab und ist ein Zeichen für die richtige Mittelwahl. Oft ist das Allgemeinbefinden des Tieres schon verbessert, obwohl die Symptome noch bestehen. Im Allgemeinen regt ein homöopathisches Mittel die Reaktionsbereitschaft des Erkrankten an, solange der Organismus reaktionsfähig ist.

Der Fliegenpilz wirkt als homöopathisches Mittel u. a. auf das Nervensystem und die Augen.

Herstellung homöopathischer Arzneimittel und Potenzierung

Die Mittel der Homöopathie werden aus **Pflanzen** gewonnen, wie zum Beispiel die Arnika, die Brechnuss, der Fliegenpilz, die Küchenschelle oder die Tollkirsche, oder aus **Tieren**, etwa die Honigbiene, der Tintenfisch, die Tarantelspinne, die Schabe oder die Spanische Fliege.

Mineralische oder **metallische Stoffe** können auch die Grundlage sein, wie Gold, Silber, Quecksilber, Natriumchlorid oder Schwefel, oder auch sterilisierte menschliche oder tierische **Krankheitsprodukte**, wie Sekrete, Gewebeteile, Tuberkelbazillenkulturen, Krebsmaterial oder auch fauliges Rindfleisch. Letztere nennt man **Nosoden**.

Alle diese Mittel werden mit ihrem **lateinischen Namen** bezeichnet, üblicherweise nur in der Kurzform, also bei dem Mittel Aconitum napellus für den Sturmhut kurz die Bezeichnung Aconitum.

Anfangs arbeitete Hahnemann mit recht hohen Dosen, die oft unerwünschte Nebenwirkungen hatten. Er hatte die Idee, seine Substanzen zunehmend zu verdünnen und zu dynamisieren, um die Heilwirkung zu verbessern. Aus den Ausgangsstoffen wird nach genau festgelegten **Herstellungsregeln** ein homöopathisches Arzneimittel, indem es mit einer Trägersubstanz, wie Milchzucker, Wasser oder Alkohol, verarbeitet wird. Der wei-

Gold oder lateinisch Aurum ist ein homöopathisches Mittel gegen viele Leiden und wirkt besonders auf das Gemüt.

tere Schritt besteht in einer stufenweisen „Verdünnung" bei gleichzeitiger Verschüttelung oder Verreibung mit dem Trägerstoff. Diese Verschüttelung ist eine heftige Bewegung, die die unerwünschte Wirkung verringert und die heilende Wirkung steigert.

Dies kann im Verhältnis 1:10 in einer **Dezimal- bzw. D-Potenz** geschehen oder in einer 1:100-Verdünnung, in einer **Centisimal- oder C-Potenz**. Eine 1:50 000-Verdünnung nennt man **LM- oder Q-Potenz**. Bei einer D-Potenz wird ein Tropfen Ursubstanz mit neun Teilen Alkohol als Trägersubstanz in ein Fläschchen gefüllt, zehnmal kräftig auf eine feste, federnde Unterlage gestoßen. Das Ergebnis ist eine D1 als Inhalt.

Davon nimmt man wieder einen Tropfen und füllt ihn mit neun Tropfen Alkohol auf und schlägt wieder zehnmal und nun hat man die D2. Dies wird von Potenzierungsstufe zu Potenzierungsstufe wiederholt, bis zur gewünschten Höhe. Diese Verbindung von Verdünnung und Verschüttelung nannte Hahnmann **„Potenzierung"**, da das lateinische Wort „potentia" Kraftentfaltung bedeutet.

Die als Potenzierung bezeichnete Verdünnung spielt bei der Herstellung homöopathischer Mittel eine wichtige Rolle.

Eine **Urtinktur**, die durch das Zeichen Θ gekennzeichnet ist, ist die am geringsten verdünnte Form des Mittels und die Grundlage der ihr folgenden Potenzen.

Mit der steigenden Verdünnung nimmt der Energiegehalt des Mittels durch seine Potenzierung zu. Die Information des Ausgangsstoffes wird beim Vorgang der Potenzierung übertragen und weiter verstärkt.

Der Wirkstoffgehalt sinkt bis zur **Lohschmidtschen- oder Avogadro-Zahl** bei einer D23.

Ab dann ist kein Molekül der Ursubstanz mehr in dem Mittel – dies ist der Übergang von der materiellen zur immateriellen Potenz.

Es ist von untergeordneter Bedeutung, ob eine C- oder D-Potenz eingesetzt wird, da die Anzahl der Potenzierungsschritte entscheidender ist. D-Potenzen werden meist bis zu einer D30 eingesetzt, C-Potenzen auch höher. Die Auswahl zwischen beiden Potenzen ist recht persönlich und davon abhängig, welche vorrätig oder zu kaufen ist.

Arzneimittelprüfung

Um ein **Arzneimittelbild**, also die Wirkung des Arzneimittels in seiner Gesamtheit zu erhalten, führt man Arzneimittelprüfungen durch. Hahnemanns berühmter Selbstversuch mit der Chinarinde war die erste Arzneimittelprüfung. Bis heute werden noch Prüfungen durchgeführt, die immer den Regeln Hahnemanns folgen.

Im Lehrbuch „Organon" sind detaillierte **Anweisungen**, nach denen die Prüfer von dem jeweiligen homöopathischen Mittel solange eine tägliche Gabe einer C30 zu sich nehmen, bis Symptome bemerkt werden. Diese Symptome werden genauestens aufgezeichnet und ergeben nach einer Prüfung mit möglichst vielen Teilnehmern ein komplettes Arzneimittelbild.

Die **Gesamtheit** der Arzneimittelbilder findet sich in der Arzneimittellehre wieder.

Es sind also die am **Menschen** festgestellten Symptome, die wir bei der Behandlung der **Tiere** zugrundelegen, die wir umschreiben und auf die Tiere übertragen.

Auswahl des homöopathischen Arzneimittels

Allgemein gilt in der **klassischen Methode** der Homöopathie die **Simile-Regel**, das heißt, wir nehmen das Mittel zur Behandlung, das als Arzneimittelbild möglichst genau dem zu behandelnden Tier in seiner Gesamtheit entspricht. Da man sich nicht alle Symptome der vielen geprüften Arzneimittel merken kann, hilft man sich mit einer **Materia medica**, in der die Mittel alphabetisch geordnet sind und ihre beobachteten Symptome, ihre Besonderheiten und wichtige Einzelheiten nach den Organsymptomen geordnet und aufgeführt sind. Mit einem **Repertorium** kann man die Mittel heraussuchen, die für ein Symptom zutreffen.

Durch genaues Beobachten und Beschreiben des betreffenden Tieres (auch im gesunden Zustand) finden wir sein homöopathisches **Konstitutionsmittel**.

Die Konstitution ist die Summe der Eigenschaften auf körperlicher und geistiger Ebene, angeborener wie auch erworbener Eigenheiten. Bestimmte Konstitutionen stimmen sehr genau mit den Bildern bestimmter Arzneimittel überein und werden Konstitutionsmittel genannt. Man spricht von einem Phosphortyp, wenn die Konstitution des Tieres dem Arzneimittel Phosphor möglichst genau entspricht.

Suchen wir das Arzneimittel, das der Erkrankung des Tieres möglichst genau entspricht, nehmen wir die **hervorstechensten sowie ungewöhnlichsten Symptome** und diejenigen, die zeitlich zuletzt eingetreten sind. Allgemeine Symptome, die allgemein bei

Bei den homöopathischen Büchern ist das „Synthesis" DAS Buch zum Finden des passenden Mittels.

einer Erkrankung auftreten, sind zur Mittelfindung nicht hilfreich.

Beispielsweise liegen auffallende Symptome vor, wenn wir ein krankes Tier vorfinden, das hohes Fieber hat, aber guten Appetit und dabei noch festliegt oder gelähmt ist. Hat das Tier mit Fieber geringen Appetit oder bei einer Gebärmutterentzündung viel Durst, so haben wir nur gewöhnliche, aber keine auffallenden Symptome, die uns bei der Auswahl des richtigen Mittels nicht weiterhelfen.

Ein und dieselbe Krankheit kann bei verschiedenen Tieren der gleichen Rasse oder auch Herde durchaus anders aussehen und nach unterschiedlichen Mitteln verlangen.

Die **Modalitäten**, die Bedingungen, die eine Verbesserung oder Verschlechterung des Zustandes des Tieres bewirken, sind ebenso zu beobachten und wichtig zur Auswahl des Mittels. So fühlen sich manche Tiere besser, wenn sie sich bewegen, andere im Liegen, einige liegen dabei lieber auf der erkrankten Seite, andere auf der gesunden.

Im **Akutfall** einer Erkrankung muss man das Wichtige und die Gesamtheit der Krankheit erfassen, weniger wichtig ist hier die Erfassung der jeweiligen Konstitution.

Eine Beschränkung auf **fünf bis sechs Symptome** kann zum richtigen Mittel führen, wobei diese nach der folgenden **Reihenfolge** geordnet werden: erst die auffallenden und ungewöhnlichen Symptome der Erkrankung, dann folgen die auffallenden Geistes- und Gemütssymptome, dann die Allgemeinsymptome, die Ursache der Erkrankung und zum Schluss die lokalen Symptome.

Chronische Erkrankungen bedürfen zusätzlich zu den Mitteln zur Behandlung der Erkrankung mit Bezug auf Organe, Organsysteme oder deren Funktionen meist noch das Konstitutionsmittel, um eine vollständige, endgültige Heilung zu erreichen.

Dies erfordert in der Regel einigen Aufwand an Zeit und Überlegungen, um das richtige Mittel zu finden.

Im Bereich der **klinischen Homöopathie** haben wir Mittel, die einen starken Bezug und eine Wirkung auf bestimmte Organgruppen oder Organe haben, dies sind **organotrope Mittel**.

Zur Entgiftung des Stoffwechsels nach Medikamentengabe oder Entwurmung nimmt man beispielsweise Medikamente mit Bezug und Wirkung auf die Leber. Man nennt diese Mittel auch „Lebermittel".

Haben sich Mittel in der Vergangenheit bei bestimmten Erkrankungen als hilfreich und wirksam bewiesen, so gelten sie als **bewährte Indikationen**.

Läuft im Rahmen einer länger dauernden Behandlung die Reaktion des Tieres nur noch verzögert oder abgeschwächt, kann man ein **Zwischen- oder Reaktionsmittel** geben, das den Stoffwechsel anreget und eine Heilreaktion weiterbringt.

Ebenso verfährt man zum Abschluss der Behandlung, wo zur endgültigen Ausheilung und Stabilisierung des gesundheitlichen Zustandes ein **Abschlussmittel** gegeben wird.

ACHTUNG

Eine Nosode sollten Sie **nicht** als das Mittel der ersten Wahl geben, nicht bei hochakuten und schweren Fällen und nicht in niedrigen Potenzen! Eine Nosode sollten Sie kurze Zeit und nicht häufig verabreichen. Suchen Sie vielmehr das passende Konstitutionsmittel und kombinieren es mit der passenden Nosode.

Nosoden werden bei einer entsprechenden Infektion in der Vorgeschichte des Tieres oder seiner Vorfahren verabreicht, wenn eine Ähnlichkeit zwischen dem Krankheitsbild und dem Arzneimittelbild besteht. Sie dienen auch als Zwischenmittel, wenn das Tier nicht auf die Gabe des Mittels reagiert oder eine entsprechende miasmatische („erbliche") Belastung vermutet wird. Oft liegen nur wenige Leitsymptome vor, um eine sichere Arzneimittelwahl zu treffen und die Nosodengabe lässt weitere Symptome deutlich werden, sodass das Arzneimittelbild ersichtlich wird.

Auswahl der Potenzhöhe

AUF EINEN BLICK

Man unterscheidet zwischen Tief-, Mittel- und Hochpotenzen.

Tiefpotenzen: von der Urtinktur bis D12 oder C6. Anwendung vor allem bei **akuten Krankheiten**.

Mittlere Potenzen: von D12 oder C6 bis zu D30 oder C12. Anwendung bei **subakuten Krankheiten**.

Hochpotenzen: ab D 30 oder C12. Anwendung bei **chronischen Krankheiten**.

Die Auswahl der **Potenzhöhe** des Mittels wird aufgrund der Art der Krankheit, des Zustandes des Tieres und bewährter Potenzhöhen getroffen. Die Festlegung, ob eine Potenz niedrig, mittel oder hoch ist, ist recht unverbindlich und variiert meist.

D-Potenzen sind in Deutschland meist gebräuchlich, sonst sind die C-Potenzen am häufigsten.

Ist die Krankheit in **akuter** Form, wie Durchfall, Husten oder Euterentzündung, und will man mit dem Mittel ein Organ beeinflussen, kann man eher auf die **niedrige Potenz** zurückgreifen. **Tiefe Potenzen** wirken kurz und werden häufiger wiederholt. Ihr Einsatz stellt eine einfachere und risikoärmere Therapie dar als die mit Hochpotenzen, da ihre Energie nicht so stark ist und sie nicht so tief wirkt. Sie zeigen auch bei nicht ganz genauer Übereinstimmung zwischen

Krankheits- und Arzneimittelbild eine Wirkung und werden oft nach den bewährten, erprobten Indikationen ausgewählt. Der Nachteil ist ihre möglicherweise überdeckende Wirkung und sie können nicht tiefer liegende chronische Erkrankungen heilen.

Mittlere Potenzen wirken dagegen eher funktiotrop und regeln die Funktion des Organs.

Handelt es sich aber um eine **chronische** Erkrankung, so wählt man die **Hochpotenz**, die die Gesamtheit des Organismus anspricht und eine nachhaltige Genesung des Tieres bewirkt.

Hochpotenzen gibt man in der Regel einmal und eine Wiederholung der Gabe findet in größeren Abständen statt. In manchen Situationen werden gute Heilerfolge mit der Wiederholung einer solchen Hochpotenz gemacht. Diese Potenz wirkt tief, auf das ganze Tier und erfasst auch die psychischen Aspekte. Während des länger dauernden Heilungsprozesses treten alte, schon verschwundene Symptome wieder auf, was abgewartet werden muss und ein Zeichen der Genesung ist.

ACHTUNG

Bei geschwächten Tieren, bei denen die **Lebenskraft** gemindert und Organe geschädigt sind, ist **Vorsicht** geboten. Hier ist eine niedrige Potenz zu wählen, da eine Hochpotenz diese geringe Lebenskraft überfordern würde und möglicherweise tödlich wirken könnte.

Tiere mit wenig Lebenskraft sind immer mit Vorsicht zu behandeln. Sie zeigen oft keine sichtbaren Krankheitszeichen und sind älter. Doch auch jüngere Tiere können aufgrund erblicher Belastungen unerkannt krank sein und eine geringe Lebenskraft aufweisen, die nicht mehr auf das homöopathische Mittel reagieren kann. Ein Tier mit blockierten Regulationssystemen und erschöpften Energiereserven kann ebenfalls nicht mehr auf das gegebene Mittel reagieren, sei es noch so treffend und gut gewählt. Diese Regulationssysteme stellen die Fähigkeit des Organismus dar, auf Reize und Einflüsse, die von außen kommen, sinnvoll zu reagieren. Ein gesundes Tier reguliert also gut, ein krankes schlecht, das heißt entweder zu viel oder zu wenig.

Nicht die Krankheit verschlechtert dieses Regulationsvermögen, sondern die Krankheit kann erst dadurch entstehen, dass dieses gestört ist. Die chronische Erkrankung entwickelt sich dementsprechend aus dem Fortbestehen dieser Störung. Das richtig gewählte Homöopathikum in der richtigen Potenzhöhe vermag diese Störung zu beheben, indem eine Information auf der richtigen Stelle und in der richtigen Ebene erteilt wird.

BEWÄHRTE POTENZEN

Bestimmte Potenzhöhen nennt man **bewährte Potenzen**, denn sie stellten sich in der Vergangenheit als besonders wirksam heraus.

Im **Tiefpotenzbereich** sind die 6., die 12. und die 30. Potenz bewährt, im Bereich der **Hochpotenzen** die 200., 1000. (M), 10 000. (XM) und 100 000.(CM) Potenz.

Eine Sonderstellung nehmen die **LM- oder** auch **Q-Potenzen** ein, da sie öfter gegeben werden dürfen und sanft wirken. Hilfreich sind sie besonders in akuten, gefährlichen Zuständen oder bei schweren Gewebeveränderungen.

WICHTIG

Grundsätzlich sollte ein Mittel nicht wiederholt gegeben werden, solange noch Zeichen seiner Wirkung vorhanden sind und dies unabhängig von der Potenzhöhe.

Einige homöopathischen Mittel haben eine **Biphasigkeit**, hier zeigen sich unterschiedliche Wirkungen in Abhängigkeit von der Potenzhöhe.

Dies ist bei Hepar sulfuris, Urtica urens oder Phytolacca der Fall. Das bei Eiterungen verwendete Hepar sulfuris baut in Tiefpotenz gegeben den Eiter nach außen und in Hochpotenz nach innen auf dem Blutweg ab.

Es gibt Mittel, die als **Antidote** bezeichnet werden, da sie die Wirkung anderer Mittel verändern oder aufheben. Dies sind unter anderem Nux vomica mit Coffea oder Belladonna mit Opium.

Oft ist auch die **Reihenfolge**, in der die Mittel eingesetzt werden, von Bedeutung und ebenso sind sich gegeneinander **feindliche Mittel** zu beachten. Apis verträgt sich nicht mit Rhus toxicodendron, Phosphor nicht mit Causticum oder Silicea nicht mit Mercurius.

Entsprechend dazu gibt es sich **gut ergänzende Mittel**, wie die Kombination von Belladonna und Calcium carbonicum, Nux vomica mit Sulfur oder Apis mit Natrium muriaticum.

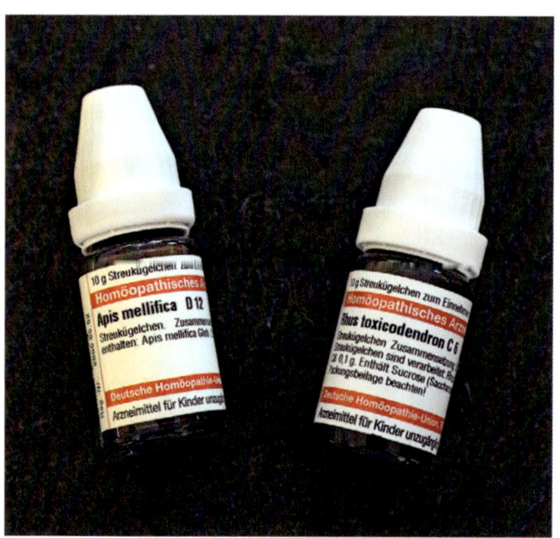

Das Bienengift Apis und der Giftsumach Rhus toxicodendron „vertragen“ sich nicht gut und sollten nicht zusammen eingesetzt werden.

Mittel mit einem **verzögerten Einsetzen ihrer Wirkung** erfordern etwas mehr Geduld und das Wissen um ihre Besonderheit bei ihrer Verwendung, so bei Lycopodium, Natrium muriaticum oder Silicea.

Einzelmittel und Komplexmittel

Bei den homöopathischen Heilmitteln unterscheidet man zwischen **Einzelmitteln**, die nur ein einziges Mittel enthalten und den zusammengesetzten Mitteln, **Kombinations- oder Komplexmitteln**, die aus mehreren Einzelmitteln bestehen.

Hier nutzt man, insbesondere als Anfänger oder bei Problemen in der individuellen Erfassung der Symptome, die Vorteile des Zusammenwirkens mehrerer Mittel, die aufgrund der bewährten Indikationen in sinnvoller Ergänzung zusammengestellt wurden. Sie werden von verschiedenen Arzneimittelherstellern angeboten. Kritiker dieser „Rundumschlag-Methode“ führen an, dass nur die Wirkung des einzelnen Mittels in der Arzneimittelprüfung beschrieben wird, nicht ihre möglicherweise veränderte Wirkung bei Kombination mit einem oder mehreren Mitteln. Doch die Erfahrung zeigt, dass diese Kombinationsmittel eine gute Heilwirkung zeigen und besonders in der Nutztierhaltung, die mit anderen Problemen als im Human- oder im Hobbytierbereich zu kämpfen hat, seine Berechtigung zum Einsatz in der täglichen Praxis hat. Bei einem Patienten mit einer klaren Entsprechung des Krankheitsbildes sollte man allerdings immer dem Einzelpräparat den Vorzug geben.

Verabreichung und Dosierung

Die Verabreichung des ausgewählten Mittels oder der Kombination an das Einzeltier oder eine Tiergruppe erfolgt in Abhängigkeit von

Ein Beispiel für ein Kombinationsmittel ist das bekannte "Traumeel" - vielseitig einzusetzen bei Verletzungen aller Art.

den Gegebenheiten im Stall und der Haltung, der Erkrankungsform oder von arbeitstechnischen Möglichkeiten.

Dilutionen sind die flüssigen Zubereitungen des Mittels, wobei 30 %iger Äthylalkohol als Träger verwendet wird. Sie können diese Tropfen dem Einzeltier mit etwas Wasser verdünnt und in eine Plastikspritze (ohne Nadel) aufgezogen direkt ins Maul geben bzw. auf Kraftfutter oder Brot aufsprühen. Bei der Behandlung einer Tiergruppe geben Sie diese Tropfen über die Kraftfuttermenge in den Trog oder in den Wasserbehälter.

Globuli oder **Tabletten** bestehen aus Milch- oder Rohrzucker und werden mit der Dilution des Mittels besprüht. Sie werden in Wasser aufgelöst und dem Tier mit einer Spritze ins Maul gegeben. Es ist besser, die Globuli oder Tabletten nicht mit der Hand anzufassen, um die Information des Mittels nicht zu verzerren. Sie können die Globuli oder Tabletten auch mit dem Futter oder Tränkwasser verabreichen, bzw. sie direkt in die Scheide oder in ein Nasenloch geben (hier die Globuli verwenden).

Zu Injektionszwecken sind **Ampullen** auf dem Markt, die sowohl gespritzt werden können, wobei auf eine korrekte Injektionstechnik geachtet werden muss, als auch oral, über das Maul, verabreicht werden.

Homöopathische Mittel dienen auch der **äußeren Anwendung**. So gibt es Tinkturen für Angüsse oder Wickel und Salben und Wundpulver mit homöopathischen Bestandteilen.

Die **Mittelgabe** erfolgt am besten verhältnismäßig nüchtern, was im Bereich der Rinderhaltung schwierig ist. Behandelt man eine

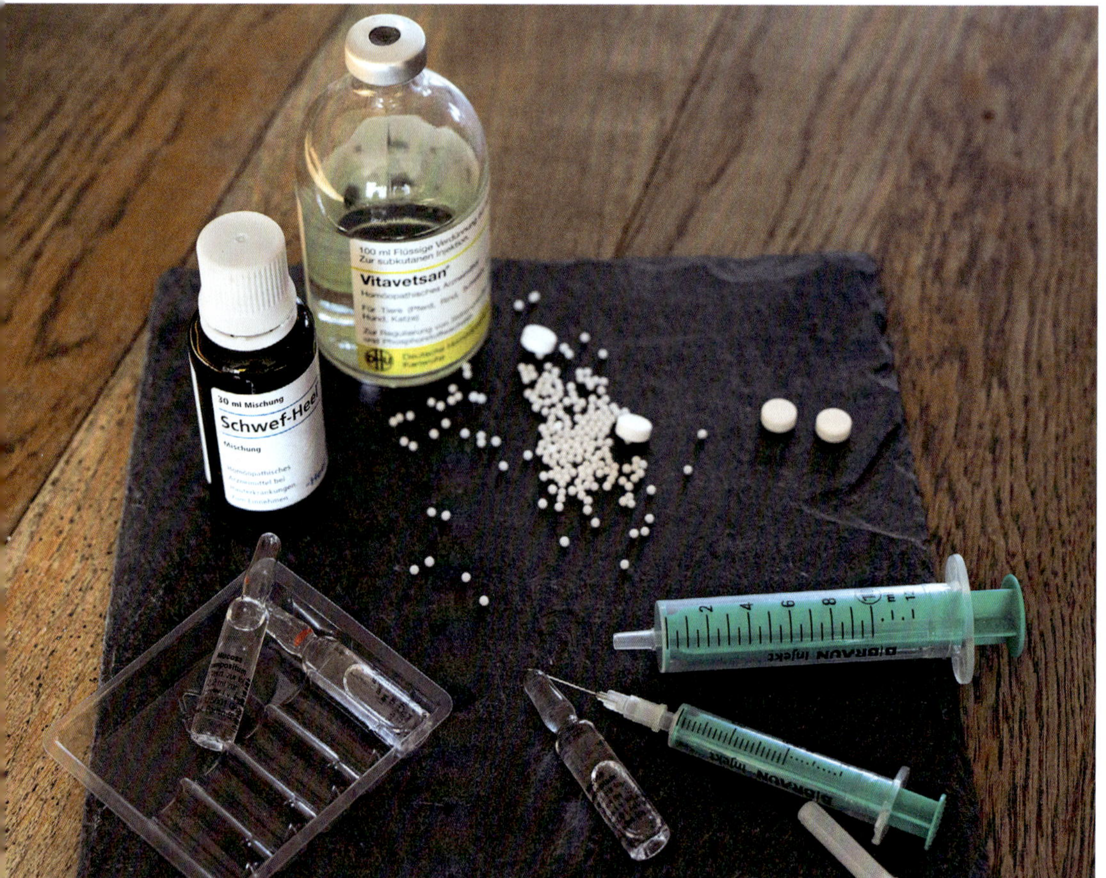

Egal ob Globuli, Tabletten, Tropfen oder Injektionsflüssigkeit – die Homöopathie gibt es in vielen Verabreichungsformen.

Tiergruppe über das Trinkwasser oder Futter, kann man die Bedingungen der reinen Aufnahme über die Schleimhaut im Maul nicht erfüllen. Doch die Praxis zeigt, dass auch die Behandlung über Futter und Wasser wirkt. Der klare Vorteil einer Injektion ist, dass sie sicher im zu behandelnden Tier ist und dort wie ein Depot abgebaut wird. Die orale Gabe hingegen wirkt sofort, kann möglicherweise mit einer Injektion des Mittels kombiniert werden, sodass die Folgegabe erst später erfolgen kann als bei alleiniger oraler Verabreichung. Hier entscheidet klar die Praxis, was im jeweiligen Fall getan wird: Welches Mittel ist in welcher Form verfügbar? Ist das Tier scheu oder zahm? Nimmt es die Medikamente problemlos aus der Hand? Wird nur ein Tier oder eine Gruppe von Tieren behandel?

Die **Häufigkeit der Mittelgabe** ist abhängig von der Art der Erkrankung und der Reaktion auf die erste Gabe, dem gewählten Mittel und seiner Potenzhöhe.

Bei einer akuten Erkrankung gibt man das Mittel zwei- bis dreimal täglich oder auch öfter. Eine schwere Akuterkrankung,

AUF EINEN BLICK

Die **Häufigkeit der Mittelgabe** ist unter anderem abhängig von der Art der Erkrankung oder von der Potenzwahl.

Akuterkrankung: 2- bis 3-mal täglich oder öfter
Hochakute Erkrankung: alle 5 min bis Besserung eintritt
Subakute Erkrankung: 1- bis 2-mal täglich
Chronische Erkrankung: 1-mal täglich, Hochpotenzen nur 1-mal wöchentlich bzw. monatlich.
Tiefpotenzen: bis zu 3-mal täglich oder öfter
Mittlere Potenzen: 1-2-mal täglich

möglicherweise mit Fieber, verbraucht die Mittel schneller und eine Wiederholung ist eher notwendig.

Dies ist auch der Fall, wenn das gewählte Mittel nicht das genaue Simile ist, also nicht die genaue Übereinstimmung, und erst die Summe der Arzneimittelreize die Heilung in Gang bringt. Anfangs geben Sie das Mittel in kürzeren Abständen, also alle halbe Stunde oder Stunde, beispielsweise bei Durchfall oder bei leichteren Blutungen. Bei hochakuten Fällen, wie Kolik oder Schock, verabreichen Sie das Mittel alle paar Minuten, bis Sie eine Besserung bemerken.

Neben der Verabreichung eines einzelnen Mittels kann es sinnvoll sein, zwei oder mehrere homöopathische Mittel miteinander zu kombinieren, wenn sie sich sinnvoll ergänzen und miteinander harmonieren. Es gibt auch bewährte Mittelfolgen bei der Behandlung bestimmter Krankheitsbilder, die in zeitlichen Abständen verabreicht werden können.

Tiefe Potenzen können Sie also in der Regel dreimal täglich und mittlere Potenzen ein- bis zweimal täglich geben.

Nach der ersten Gabe des Mittels beginnt die **Beobachtung des Tierpatienten**. War die Wahl richtig, so können Sie eine homöopathische Verschlimmerung der Symptome bei gebessertem Allgemeinbefinden sehen, auf die dann rasch die Heilung folgt. Sie können aber auch eine Heilung ohne ersichtliche Erstverschlimmerung erzielen, was meist bei Akutfällen auftritt.

Werden die Symptome und Beschwerden nach der Mittelgabe stärker, so ist dies ein Zeichen dafür, dass das gewählte Mittel richtig ist, dass es jedoch in einer zu hohen Dosierung oder in der falschen Potenz gegeben wird. Man unterbricht die weitere Gabe des Mittels, bis eine Besserung eintritt. Anschließend behandeln Sie mit einer anderen Potenz oder Dosis weiter.

Subakute Erkrankungen, also weniger heftig verlaufende, werden ein- bis zweimal täglich behandelt und die chronischen dementsprechend nur noch einmal täglich. Hochpotenzen werden nur einmal die Woche oder einmal im Monat verabreicht.

Mit **Eintritt einer Besserung** ist die Mittelgabe einzustellen oder zu verringern, sonst stören Sie die Heilung und erzielen die Wirkung einer Arzneimittelprüfung.

Erfolgt nach der ersten Gabe **keine Reaktion** des Tiers und sind Sie sich in Ihrer Mittelwahl sehr sicher, wiederholen Sie die Gabe. Stellen Sie nach einem halben oder ganzen Tag keine Veränderung im Zustand des Tieres fest, sollten Sie Ihre Mittelwahl noch einmal überdenken oder eine konventionelle Behandlung in Betracht ziehen. Dies ist immer von der Art der Erkrankung und der Schwere abhängig zu machen.

WICHTIG

Bei Unsicherheiten lassen Sie sich bitte von einem Therapeuten beraten.

Bei der Frage der **Dosierung** der homöopathischen Mittel kann man nur Anhaltspunkte geben. Die Angaben in der Literatur sind unterschiedlich und persönlich geprägt.

Ein Apothekerschrank aus Holz mit vielen Schubladen ist eine sehr schöne und praktische Möglichkeit seine Stallapotheke unterzubringen.

Nicht die verabreichte Menge des Mittels entscheidet über den Erfolg oder Misserfolg der Arzneimittelgabe, sondern das ausgewählte Mittel und die Potenzhöhe!

Da in der Homöopathie der energetische Reiz ausschlaggebend ist für die Heilung, kommt es weniger auf die Menge des Mittels an als sonst in anderen Bereichen der Medizin. Die subjektiv als ausreichend empfundene Menge ist hier richtig. Wenn Ihnen also 2 ml als zu wenig für eine Kuh erscheinen, dann nehmen Sie ruhig 3 ml und verabreichen diese Menge.

Die **Aufbewahrung** der Mittel sollte trocken und lichtgeschützt erfolgen, abseits von elektro-magnetischen Spannungsfeldern und geschützt vor stark riechenden Stoffen. Da die homöopathischen Medikamente eher energetisch wirken, können sie eigentlich nicht verderben. Es ist jedoch gesetzliche Vorschrift ein Ablaufdatum auf der Verpackung anzugeben.

DOSIERUNG

Erwachsenes Rind: 5 bis 10 Tropfen oder 5 bis 10 Globuli, 2 Tabletten oder bei Injektion 2 bis 3 ml Injektionsflüssigkeit.

Jungtier: Nach Gewicht oder Größe entsprechend abstufen; 1 bis 2 Tropfen oder 1 bis 2 Globuli, eine Tablette oder 0,5 bis 1 ml Injektionsflüssigkeit.

Akute und chronische Krankheiten und die Miasmen

Akute Erkrankungen entstehen aufgrund schädlicher, von außen einwirkender Einflüsse, wie Kälte, Mangel oder Gifte. Oft sind sie ein Ausdruck einer tiefer liegenden chronischen Erkrankung und das Tier ist besonders anfällig für eine Krankheit, seine Anpassungsfähigkeit auf einwirkende und krankmachende Faktoren ist vermindert. Das Hinzukommen eines auslösenden Faktors bringt die Erkrankung zum Ausbruch wie der Tropfen Wasser das Fass zum Überlaufen.

Ansteckende Krankheiten verursachen ebenso Akuterkrankungen, die dann meist mit ein und demselben Mittel bei allen erkrankten Tieren behandelt werden.

Akute Krankheiten sind mit dem Verschwinden der Symptome geheilt, die **chronische Erkrankungen** jedoch nicht. Sie bestehen auch ohne äußere Symptome, breiten sich mit den Jahren im Tier aus, brechen bisweilen wieder offen aus. Eine chronische Erkrankung ist eine innere Krankheit, eine dynamische Verstimmung der Lebenskraft, wie es in der Homöopathie heißt. Will man diese chronische Erkrankung erfolgreich behandeln, muss man die **Gesamtheit des Tieres** betrachten, seine Konstitution, seine Grundbefindlichkeit und Disposition. Nicht nur die akuten Symptome, auch frühere Erkrankungen müssen bekannt und betrachtet werden.

Im Verlauf eines solchen Heilungsprozesses verschwinden die Symptome von innen nach außen oder von oben nach unten bzw. in der umgekehrten Reihenfolge ihres Auftretens. Diesen Heilungsverlauf beschreibt Constantin Hering, nach dem diese Aussage als die **Hering'sche Regel** bekannt wurde.

Wichtig kann der Gesichtspunkt der chro-

Der Schwefel oder Sulfur ist stofflich und homöopathisch ein vielseitiges und oft eingesetztes Mittel.

nischen Krankheiten bei der Behandlung der Rinder werden, weil erkannt werden muss, dass **alle** Symptome und Erkrankungen bei einem Tier mit einbezogen werden müssen, um das richtige Mittel, das **Konstitutionsmittel**, zu finden. Das Mittel heilt nicht nur Teilbereiche der Erkrankung, während die chronische Krankheit in der Tiefe weiterbesteht, sondern das ursächliche Geschehen. In der Praxis der Nutztierhaltung ist angesichts einer meist kürzeren Lebensdauer der Tiere und der Betonung der Wirtschaftlichkeit im Gegensatz zu den Hobby- oder Haustieren eine Behandlung der Akutfälle sicher praxisnäher und praktikabler. Doch in manchen Fällen mag ein genaues Betrachten und Überlegen, besonders im Hinblick auf die chronischen Krankheiten, lohnenswert sein und erst die vollständige Heilung ermöglichen.

Die **chronischen Krankheiten** werden von Hahnemann in die drei **Miasmen Psora, Sykose** sowie **Syphilis** und ihre **Mischformen** unterteilt. Miasma bedeutet Befleckung oder Besudlung. Jedes Miasma hat eine andere Grundstruktur, entwickelt andere Symptome und Krankheiten und hat dementsprechend andere homöopathische Heilmittel.

Thuja, hergestellt aus dem Lebensbaum, gilt als Polychrest und hat ein breites Anwendungsgebiet.

Die **Psora** kennzeichnet die Verlangsamung, die Unterfunktion, wenig Selbstvertrauen und einen geringen Entwicklungsfortschritt, einen allgemeinen Mangel und Hautsymptome.

Die passende Nosode ist **Psorinum** und das passende homöopathische Arzneimittel **Sulfur**.

Die **Sykose** zeigt eine Überfunktion, eine Hypertrophie, wie Gallensteine, Nierensteine oder Absonderungen. Die Nosode ist hier **Medorrhinum** und das Arzneimittel **Thuja**.

Die **Syphilis** zeigt nun Destruktion und Zerstörung. So bilden sich Ulzera, Fehlbildungen oder eine Unterfunktion. Die Nosode ist hier **Syphilinum** und das Arzneimittel **Mercurius solubilis**.

Die **Tuberkulose** aus Psora und Syphilis zeigt Schwäche und Hohlräume.

Anhand der wichtigsten und auffallendsten Symptome, besonders die des Geistes und Gemütes, und der Modalitäten der Erkrankung erkennt man das vorherrschende Miasma. Stehen wir vor der **Auswahl** des Heilmittels oder fällt uns die **Wahl zwischen zwei Mitteln** schwer, wählen wir dasjenige aus, das zu dem vorherrschenden Miasma gehört.

Viele Mittel, besonders die **Polychreste**, die Mittel mit einem weiten Wirkungsspektrum, die auf mehrere Organe und Organsysteme wirken, haben verschieden große Anteile an allen Miasmen. Hierzu gehören besonders Aconitum, Arnica, Mercurius, Nux vomica, Silicea, Sulfur, Thuja und andere. Das in einem Mittel wichtigste Miasma hat dann die meisten Symptome.

Da in der Rinderhaltung oft durch eine Zuchtauswahl eine Herde mit einer großen Anzahl gleicher Typen entsteht, die ähnliche Eigenschaften aufweisen, ist eine homöopathische Mittelauswahl mithilfe einer vorherigen Feststellung des bestimmenden Miasmas einfacher und sicherer.

Aconitum, der blaue Eisenhut, gehört in jede Haus- und Stallapotheke.

Arnica kann innerlich und äußerlich eingesetzt werden und ist ein wichtiges Verletzungsmittel.

Die Konstitutionstypen

Die **Konstitution** ist die angeborene und erworbene Verfassung des Tieres im körperlichen und im seelischen Bereich. Sie beinhaltet die Anpassungs- und Regulationsfähigkeit des Tieres an seine Umwelt. Sie bestimmt wie Krankheiten ablaufen und welche Symptome sich zeigen.

Die Erfassung des **Konstitutionstyps** und die Gabe des damit verbundenen **Konstitutionsmittels** helfen in erster Linie bei der Behandlung chronischer Krankheiten, aber auch in der unterstützenden Therapie akuter Fälle. Das Konstitutionsmittel kann als energetische Zwischengabe zur Intensivierung der Reaktionsbereitschaft des erkrankten Tieres führen.

Sie gestaltet sich in der **Nutztierhaltung** schwierig, da das **Einzeltier** Rind in der **Herde** „verschwindet" und oft kein sehr enger Kontakt zum Tierhalter besteht. Es gibt jedoch einige auffallende Unterschiede im Körperbau, in Kondition, im Gesichtsausdruck, im Verhalten gegenüber den Artgenossen und den Betreuern, Art und Weise von Appetit und Durst und in der Reaktionsform auf eine Erkrankung, die unsere Tiere in einer Herde voneinander unterscheidet. Wichtig sind die besonders auffallenden und ungewöhnlichen Symptome. Oft wird das Konstitutionsmittel auch als **Simillimum** bezeichnet, da es die Gesamtheit der Symptome des Individuums beschreibt. Reine Konstitutionstypen sind aber die Ausnahme, meist finden wir Mischtypen und suchen dann die Konstitution aus, die im Vordergrund steht. Häufig wechseln die einzelnen Tiere auch im Verlauf ihres Lebens die Konstitution.

Das gefundene Konstitutionsmittel wird meist in einer höheren Potenz, also in einer C200 oder C1000, gegeben und in selteneren Gaben, da sie eine lange Wirkungsdauer haben.

Arsenicum album

Ein Tier mit der Konstitution Arsenicum (im Folgenden werden die Tiere kurz mit dem jeweiligen Arzneimittelnamen benannt), also Arsenicum-Tiere, sehen älter aus als sie sind. Die Tiere sind schlank bis abgemagert, nervös und ängstlich und reinlich. Sie vertragen keine Änderung in ihren Gewohnheiten. Auffallend sind die Erschöpfung und Schwäche, oft bei einer nur geringen Erkrankung, diese in Verbindung mit Unruhe, die wiederum nachts besonders ausgeprägt ist.

Arsenicum trinkt häufig und mit kleinen Schlucken. Bei Annäherung weichen die Tiere zurück, sie wollen ihre Ruhe haben, aber auch nicht alleine sein. Ihre Erkrankungen treten periodisch oder jährlich wiederkehrend auf. Die Absonderungen riechen faulig bis leichenartig und die Haare der Tiere sehen schlecht aus.

Eine Verschlimmerung der Beschwerden tritt infolge von Kälte und Nässe sowie nachts auf. Die Erkrankung betrifft vor allem den Magen- und Darmtrakt, die Atemwege und die Haut.

Aurum metallicum

Dieser Konstitutionstyp ist meist älter, kräftig und schwer gebaut, aber dabei wohlproportioniert. Aurum ist oft zutreffend bei den schweren Rinderassen, die einen kurzen Hals und breiten Widerrist haben. Das Aussehen ähnelt einem Stier, der Körper wie auch der Kopf. Die Hörner sind groß und weit ausladend. Ihr Temperament ist launisch bis angriffslustig, bösartig und nervös.

Die Stimmung schwankt plötzlich, wenn sie aus der Ruhe geraten. Sie können aggressiv gegen bestimmte Tiere und den Menschen reagieren, wenn etwas gegen ihren Willen geschieht. Sie sind oft die Leitkühe, die ohne Anstrengung Respekt bekommen. Dabei haben sie Angst vor Menschen, besonders vor Männern und fallen ebenso durch ihr Futter-Werfen auf.

Ihre Kraft und ihr Temperament können sich im Krankheitsfall in Schwäche und Gleichgültigkeit wandeln, es können Zyklen ohne Ovulation oder auch Ovarialzysten oder Impotenz bei männlichen Tieren auftreten. Die Aurum-Rinder brummen (Brüllersucht) oder stoßen die Hörner in den Boden, wenn sie brünstig sind oder Zysten haben. Auffallen können geringe Milchleistung trotz voll erscheinendem Euter und Vorfälle sowie erschlaffende Bänder im Beckenbereich.

Calcium carbonicum

Calcium carbonicum-Tiere weisen auch bei hoher Leistung eine gute Kondition auf, sind mit einem großen und kräftigen Körperbau, massivem Kopf und Bauch, jedoch schlaffem Bindegewebe ausgestattet. Das Euter ist meist groß und wird im Alter zunehmend zum Hängeeuter. Die Hörner sind kurz, dick und gerade und der Kopf ähnelt dem eines Stieres. Hörner und Klauen sind brüchig und deformiert und es findet sich oft Panaritium. Die ausgestellten Buggelenke sind ebenso auffallend. Das Mittel passt gut für Tiere der Rasse Fleckvieh. Calcium ist langsam und träge, gutmütig und schüchtern, nachtragend und starrköpfig. Die Tiere sind recht gefräßig und haben möglicherweise die Neigung, seltsame Dinge zu fressen. Sie sind auch ohne die Austragung von Rangordnungskämpfen dominant. Es besteht eine Empfindlichkeit gegen kaltes und nasses Wetter sowie Anstrengung. Erkrankungen betreffen den Stütz- und Bewegungsapparat, den Magen-Darm-Bereich, die Haut und das Lymphsystem. Es ist ein Mittel für neugeborene Kälber, die eher kräftig und schwer sind, aber schlapp und matt reagieren.

Calcium phosphoricum

Hier ist der Körperbau im Gegensatz zum Calcium carbonicum feiner und kleiner, die Kondition eher durchschnittlich. Der Calcium phosphoricum-Typ ist häufig anzutreffen bei den typischen Milchrassen wie Holstein-Frisian, Montbeliard oder Brown Swiss.

Die Tiere sind ängstlich bis nervös durch den Phosphor-Anteil, aber auch lebhaft und bewegungsfreudig, der Charakter eher schwierig und aggressiv. Sie lassen sich nur ungern anfassen, bei Schmerzhaftigkeit kann ihre Reaktion auf eine Berührung heftig ausfallen.

Die Erkrankungen sind ähnlich wie bei Calcium carbonicum und werden ebenso oft durch Kälte und Nässe ausgelöst.

Graphites

Graphites-Tiere sind fett und verfressen, gutmütig und furchtsam, unentschlossen und wärmeliebend. Sie können einen üblen Geruch ausströmen und entwickeln besonders Erkrankungen der Haut, wenn innere Störungen vorliegen.

Die Brunst tritt verspätet auf, es kann auch Widerwillen gegen den Deckakt bestehen oder Deckunlust beim männlichen Tier. Im Widerspruch zu ihrer Wärmeliebe steht die Verschlechterung ihres Zustandes durch Wärme. Ihre Erkrankungen beziehen sich auf den Magen und Darm, auf die Haut und den weiblichen Geschlechtsapparat.

Lycopodium

Diese Konstitution von Lycopodium-Tieren ist dünn und schlaff und hat ein „altes“ Aussehen. Die Tiere erscheinen mager und schwach bemuskelt mit sehr großem Bauch. Lycopodium ist ängstlich, hat kaum Selbstbewusstsein, kämpft aber um seine Rangordnung, ist eigenwillig, launisch und misstrauisch, ein dominanter Angsthase.

Bei Zwangsmaßnahmen kann sie leicht aggressiv und ärgerlich werden. Der Appetit ist schlecht und das Tier ist mit seinem Futter wählerisch, wobei aber auch unverdauliche Dinge gefressen werden können.

Ihre Krankheit entwickelt sich langsam und ist langsam zu heilen. Lycopodium hat einen starken Bezug zur Leber und es gilt daher allgemein auch als ein typisches „Lebermittel“.

Mercurius solubilis

Mercurius-Tiere haben eine gute Kondition, können aber auch abgemagert erscheinen. Sie sind unruhig, nervös und empfindlich, impulsiv und auch aggressiv. Es sind meist dominante Tiere.

Mercurius hat viel Durst und viel Speichel, ist empfindlich gegen kalte Luft und nasskaltes Wetter. Als Homöopathikum hat es Bezug zu den Schleimhäuten, dem Magen- und Darmbereich, der Leber, dem Stütz- und Bewegungsapparat, der Haut und dem Lymphsystem.

Natrium muriaticum (chloratum)

Hier treffen wir eher untergewichtige Tiere trotz guten Appetits an, sie haben Heißhunger auf Salz bei großem Durst oder mögen auch überhaupt kein Salz. Sie haben einen dünnen Hals und lockere Schultern. Das Haarkleid wirkt struppig und stumpf, die Schleimhaut trocken.

Natrium-Tiere sind eigenwillig, selbstbewusst, gerne allein, wollen nicht angefasst werden und reagieren gegen andere Tiere aggressiv. Sie sind äußerst reizbar und überempfindlich gegenüber äußeren Eindrücken.

Krankheiten treten infolge von Kummer, Verlust der Kälber oder Herdengenossen bzw. nach anderen psychischen Traumata auf. Natrium verträgt schlecht die Sonne und kann in Gegenwart andere nicht urinieren.

Ihre chronischen Leiden treten über Sommer auf. Natrium wirkt besonders auf den Magen und Darm, die Haut und die Schleimhaut und das zentrale Nervensystem.

Nux vomica

Die Tiere sind schlank bis mager und entsprechend reizbar, nervös, allgemein überempfindlich, haben oft schlechte Laune und werden beim Festhalten auch aggressiv. Nux vomica ist futterneidisch und frisst hastig, worauf oft Verdauungsstörungen resultieren.

Nux vomica-Tiere sind oft dominante Tiere, die sich stark in der Herde durchsetzen. Eine Verschlechterung ihres Gesundheitszustandes erfolgt durch Kälte, Aufregung, Kraftfutter-Überfütterung bei reiner Stallhaltung und fehlender Bewegung. Nux vomica hat einen starken Bezug zu Leber, Magen und Darm, Stütz- und Bewegungsapparat sowie dem Nervensystem.

Phosphor

Phosphor-Tiere erscheinen feingliedrig, schlank, hochbeinig, dünnhäutig und mit weich-glänzendem Fell.

Sie sind dabei recht heftig und unberechenbar, sehr empfindlich und lassen sich nur höchst ungern einfangen. Sie sind aber auch neugierig, verspielt und temperamentvoll, wobei sie aber rasch ermüden. Ihr Appetit ist sehr wechselhaft und ihre Krankheiten treten plötzlich auf. Sie stellen den Milchtyp dar, beispielsweise die Rasse Holstein.

Die Symptome verschlechtern sich bei Wetterwechsel und Berührung. Phosphor hat viel Durst. Bei Erkrankungen mit hohem Fieber leidet ihr Allgemeinbefinden oft erstaunlich wenig. Phosphor wirkt auf das zentrale Nervensystem, die Schleimhaut, die Leber und den Stütz- und Bewegungsapparat.

Pulsatilla

Dies sind Tiere mit harmonischem Körperbau, weichen Rundungen und feinem Haar. Sie wirken gesund und eher dicklich. Die Kühe sind ruhig, freundlich, sanft, sehr anlehnungsbedürftig, eifersüchtig und furchtsam. Manchmal erscheint Pulsatilla auch widerspenstig oder als unduldsames Leittier, sprunghaft in seinem Verhalten und seinen Vorlieben, auch in seinen Symptomen.

Meist ist es ein weibliches Tier und reagiert extrem empfindlich auf jede Veränderung, so auch mit Trauer bei Verlust ihres Kalbes. Pulsatilla ist durstlos und fühlt sich an der frischen Luft wohler als im Stall. Pulsatilla wirkt besonders auf die weiblichen Geschlechtsorgane, aber auch auf das Nervensystem, den Magen und Darm, den Stütz- und Bewegungsapparat.

Sepia

Diese Konstitution von Sepia-Tieren ist groß und schlank mit unharmonischem Körperbau, alles an ihr erscheint schlaff und lose. Wir finden Sepia oft bei älteren Muttertieren und unterscheiden dominante, aktive Tiere mit möglichen Fruchtbarkeitsproblemen von denen, die eher gleichgültig und lustlos erscheinen, oft schon mehrere Kalbungen hatten und nun nur noch ihre Ruhe haben wollen.

Oft tritt hier auch eine Gleichgültigkeit gegenüber den eigenen Kälbern auf. Sepia wirkt wie Pulsatilla auf die weiblichen Geschlechtsorgane und das Nervensystem, den Magen und Darm, auf die Harnwege und auch auf den Stütz- und Bewegungsapparat.

Silicea

Hier treffen wir auf magere, knochige, ungelenke Tiere mit großem Kopf und Bauch, hängendem Bauch und Euter, schlechtem Haarkleid und Klauenzustand. Silicea ist ängstlich und schreckhaft, auch müde und nachgiebig.

Silicea-Tiere setzen sich in der Herde nicht durch, werden herumgestoßen und benötigen viel Unterstützung, um ihre Leistung zu bringen und sich zu entwickeln. Oft findet sich die Silicea-Konstitution als Folge einer rohfaserarmen Fütterung und einem Mangel an Kieselsäure. Silicea wirkt besonders auf die Haut und Schleimhaut, das Lymphsystem und die Nerven.

Sulfur

Sulfur erscheint robust und selbstbewusst, nicht gerade reinlich und hat oft Hautprobleme. Das Tier ist unleidlich, widersetzlich, faul und hat einen enormen Appetit.

Das Tier liegt viel mehr als die anderen, legt sich gerne in den Mist, auch wenn saubere Untergründe angeboten sind. Eine Verschlimmerung seiner Beschwerden treten durch Wärme, Bewegung und Baden ein.

Bei Sulfur sind der Geruch nach Fäulnis und die Beständigkeit des Leidens hervorzuheben. Sulfur hat ein ungewöhnlich breit gefächertes Arzneimittelbild und wirkt auf den gesamten Organismus und ist damit ein wichtiges Stoffwechselmittel.

Tuberculinum bovinum

Diese Tiere gehören zum Milchtyp, sind feingliedrig und mager, haben viel Appetit, aber sind nicht mehr leistungsfähig und fit. Sie verhalten sich zurückhaltend und sind leicht verunsichert, flüchten gerne, auch durch die Zäune und haben viel Angst vor großen, schwarzen Hunden. Ihre Symptome wechseln schnell, sie schwitzen leicht und haben einen schwachen Bandapparat.

Vorbeugende Behandlung

Eine homöopathische Behandlung kann im klassischen Sinne nicht vorbeugend sein, doch finden sich mittlerweile praxiserprobte Verfahren, die eine solche Behandlung sinnvoll erscheinen lassen.

Ein Beispiel ist die **Eugenische Kur** als eine vorgeburtliche Behandlung des Muttertieres, die eine Verbesserung des Erbgutes und der Gesundheit der ungeborenen Kälber bewirken soll. Während der Trächtigkeit gibt man dem Tier in zeitlichen Abständen und in einer individuellen Reihenfolge Mittel in einer Hochpotenz.

Diese wählt man unter Berücksichtigung der Erkrankung der Vorfahren, besonderer Anfälligkeiten, endemischer oder epidemischer Erkrankungen im Tierbestand oder im Gebiet des Hofes aus.

WICHTIG

Eine Eugenische Kur muss immer auf das Einzeltier und den Tierbestand in seinem Umfeld abgestimmt sein.
Diese speziellen Behandlungen erfordern meist den Rat eines erfahrenen Tierheilpraktikers oder homöopathisch arbeitenden Tierarztes, der die Zusammenstellung der Mittel aufgrund einer gründlichen Betriebsaufnahme vornehmen kann.

Allgemein kann man sich an folgende Regel halten:

Im frühen Trächtigkeitsstadium geben Sie das Konstitutionsmittel des Muttertieres in Hochpotenz, dann in der Trächtigkeitsmitte eine Gabe Sulfur in Hochpotenz zur Anregung des Stoffwechsels und zum Abschluss können Sie je nach Problematik in der Herde eine Gabe Thuja, Tuberculinum oder Ähnliches, ebenfalls in Hochpotenz, verabreichen.

Eine weitere Möglichkeit ist die Vermeidung von Impffolgen: Nach einer **Impfung** der Tiere vermeiden Sie Krankheitserscheinungen, indem Sie eine Gabe Thuja oder Silicea, Malandrinum, Sulfur oder Tuberculinum bovinum geben. Wählen Sie eine D oder C30 bzw. eine C200 und geben den Tieren eine einzelne Gabe des Mittels im Zeitraum kurz vor, bei der Impfung oder im Anschluss.

War ein **Antibiotika-Einsatz** nötig, verabreichen Sie zur anschließenden Ausleitung der Medikamentenstoffe eine Gabe Sulfur in einer D oder C30 für ein bis drei Tage einmal am Tag. Auch Nux vomica in derselben Potenz und Dosierung oder das Mittel Okoubaka sind mögliche Helfer bei der Entgiftung des Organismus.

Nach der Verabreichung von **Kortikoiden** geben Sie Phosphor, Lachesis, Conium oder Apis in einer mittleren Potenz für etwa drei Tage.

Jungtiere erhalten nach der **Geburt** eine Gabe Calcium carbonicum als D oder C200. Dieses Mittel stärkt die Neugeborenen bei ihrer Umstellung und fördert ihre Entwicklung und Vitalität.

Dasselbe Mittel hilft auch gegen die Neubesiedlung von Tieren aller Altersklassen durch **Endoparasiten bei Tieren aller Altersklassen**.

Wundinfektionen und **Probleme im Heilungsprozess** vermeiden Sie mit vorbeugenden Gaben von Arnica in einer tiefen Potenz zwei- bis dreimal täglich oder einer C30 einmal täglich. Sie können ebenso Echinacea in einer tiefen oder mittleren Potenz oder in Form von Echinacea compositum ad us. vet. (Heel) nehmen oder den „Universalhelfer“ Traumeel compositum ad us. vet. (Heel) in jeder Form (Tropfen, Tablette, Salbe oder Ampulle).

Krankheiten und ihre Behandlung

Wichtig ist es, sich immer wieder vor Augen zu führen, dass an der ersten Stelle bei der Behandlung einer Krankheit grundsätzlich das Erkennen und das Abstellen der Ursache für diese Erkrankung stehen müssen. Eine Medikamentengabe soll immer an letzter Stelle kommen, egal ob ein herkömmliches, ein homöopathisches oder sonstiges naturheilkundliches Mittel gegeben wird.

Erkrankung des Gesamtorganismus

Infektionskrankheit

Eine Infektionskrankheit heißt auch „Infekt“ oder „ansteckende Krankheit“ und ist eine durch Erreger hervorgerufene Erkrankung. Eine Infektion muss nicht immer zu einer Erkrankung führen. Infektionskrankheiten können hochakut in wenigen Tagen entstehen oder sich über Wochen, Monate, manchmal Jahre hinweg langsam entwickeln. Außerdem gibt es lokalisierte, auf bestimmte Körpergebiete beschränkte und allgemeine, generalisierte Infektionskrankheiten. Einige laufen bei immunstarken Tieren nahezu unbemerkt oder inapparent ab oder sie zeigen nur leichte, unspezifische Störungen des Allgemeinbefindens. Andere Krankheiten entwickeln ein hochdramatisches Krankheitsbild und verlaufen schwer oder auch septisch. Hier reagiert der Organismus mit Fieber, erhöhtem Puls und Atmung, vermehrtem Durst und Mattigkeit.

Infektionskrankheiten werden durch die Übertragung und das Eindringen von Mikroorganismen, wie Viren oder Bakterien, in den Organismus verursacht. Die homöopathische Behandlung dieser Erkrankungen zielt nicht in erster Linie auf die Bekämpfung der Erreger, sondern wirkt stärkend auf das Immunsystem und die Abwehrkräfte des Tieres. Ist bei Infektionen ein Antibiotika-Einsatz notwendig, kann die gleichzeitige Verabreichung homöopathischer Mittel zur Infektionsabwehr deren Wirkung verbessern und steigern. In problematischen und hochakuten Fällen können also Schulmedizin und Homöopathie vereint werden und gemeinsam wirken. Im Bereich der Phytotherapie, also der Heilpflanzenkunde, und der Aromatherapie mit ätherischen Ölen finden sich wunderbare und unterstützende Möglichkeiten, die Abwehrkräfte der Tiere zu stärken. Eine Kombination von verschiedenen Therapien auf unterschiedlichen Ebenen unter der Beachtung und einem Überdenken der Haltung und Fütterung der Tiere wirkt sich positiv auf die Gesundheit der Tiere aus.

Begleitend zu den **Basismitteln** zur Behandlung der Infektion, die im Folgenden beschrieben werden, können homöopathische Mittel mit Bezug auf das jeweilig betroffene **Organsystem** und die auftretenden **Symptome**, wie Husten, Durchfall, Lähmung, in Kombination ausgewählt und zusammen mit den Basismitteln eingesetzt werden.

Nosoden der jeweiligen Erreger können ebenfalls zur Unterstützung der Therapie mit in die Mittelkombination genommen werden, wie zum Beispiel eine Botulismus-, Campylobacter-, Clostridium-perfingens- oder Grasödem-Nosode.

Basisbehandlung bei Infektionskrankheiten

Mögliche **Einzelpräparate** sind: Echinacea angustifolia, Coffea arabica, Lachesis muta, Propolis, Pyrogenium, Sulfur und Vincetoxicum.

Eine bewährte **Kombination** besteht zu gleichen Teilen aus den Einzelmitteln Coffea, Bufo rana, Vincetoxicum, Echinacea und Sulfur. Oder Sie kombinieren Lachesis muta mit Pyrogenium. In der Praxis ist es sinnvoll mehrere ausgewählte und sich ergänzende Mittel in einer Gabe dem Tier zu verabreichen, wenn nicht mit einem Einzelmittel gearbeitet wird, da es das Tier nicht unnötig oft beunruhigt und arbeitstechnisch einfacher ist.

Allgemeininfektionen werden wirkungsvoller mit einer höheren Potenz von Pyrogenium, **Lokalinfektionen** besser mit einer höheren Potenz von Lachesis angegangen.

Lachesis wird bei septischen Entzündungen, wie Phlegmone, bei heftigen Infektionserkrankungen mit erhöhter Temperatur, Schüttelfrost und Apathie und bei Blutungsneigung gegeben. Kennzeichnend ist, dass eine physiologische Funktion, wie beispielsweise die Milchproduktion, gestört ist, bevor andere Krankheitszeichen auftreten. Charakteristisch sind ebenso das hohe Fieber, der schnelle Puls und deutliche Apathie der erkrankten Tiere. Lachesis wirkt eher über das venöse Blut, das heißt, die Krankheit spielt sich in der Blutbahn ab. Nach einer anfänglich unproblematischen Erkrankung verschlechtert sich der Zustand des Tieres und geht nun in Richtung Blutvergiftung, Hämorrhagie (Blutung) und Zyanose (blaurote Färbung von Haut und Schleimhaut aufgrund verringerten Sauerstoffgehaltes im Blut). Lachesis zeigt eine sehr gute Wirkung bei **Sekundärinfektionen** mit schlechter Heiltendenz, die der Virusinfektion folgen. Bei Besserung ist oft nur eine zweite Gabe nötig, eine weitere Wiederholung seltener.

Pyrogenium wird bei **Infektionen mit schlechtem Allgemeinzustand**, bei heftigen und auffallenden Symptomen genommen, die unharmonisch sind und nicht zueinander passen. Wir stellen hohe Temperatur und langsamen Herzschlag, schwere Allgemeinstörung verbunden mit jedoch großer Unruhe, Zittern und Erschöpfung fest. Es greift besonders in gangränöse (Nekrose des Gewebes durch Mangeldurchblutung) und mit Fieber verbundene Erkrankungen ein. Pyrogenium ist eine wertvolle Ergänzung zu Lachesis bei Fieberzuständen nach der Geburt, bei eitriger Mastitis oder bei infektiösen Durchfällen.

Echinacea nimmt eine Stellung zwischen beiden Mitteln ein und kann gut ihnen kombiniert werden, ergänzt und vervollständigt ihre Wirkung. Das Einsatzgebiet der Echinacea reicht von der Unterstützung und Förderung der natürlichen Abwehrkräfte, von akuten Infektionen jeder Art mit erhöhter Temperatur, von Symptomen der Blutvergiftung und septischen Zuständen bis hin zu stinkenden Geschwüren, Lymphknotenentzündungen, Verletzungen und ihren Entzündungen. Echinacea bewirkt eine gesteigerte Aktivität der Leukozyten und des Abwehrsystems des Organismus, wodurch die Krankheitserreger, Fremdkörper und Gewebstrümmer schneller abgebaut werden können. Bei schleichenden und chronischen Infektionen dient es als Umstimmungs- und Reizmittel.

Coffea stärkt und aktiviert das Herz-Kreislaufsystem, das als Bindeglied zwischen den verschiedenen Körpersystemen bei vielen Erkrankungen sehr belastet wird. Neben der Stützung des Kreislaufs stärkt es auch die Abwehrkräfte.

Aconitum wirkt besonders auf die Gefäße und die akute Entzündung. Wichtig ist die Plötzlichkeit der Erkrankung, die mit Schüttelfrost und schnellem Fieberanstieg beginnt, wobei große Ängstlichkeit auffällt. Die erkrankten Tiere haben viel Durst auf kaltes Wasser und zeigen einen deutlichen Berührungsschmerz am Bauch. Die Entzündung ist jedoch noch nicht lokalisiert. Hervorgerufen wird die Erkrankung unter anderem durch Unterkühlung bei kalten Nord-Ost-Wind, trockener Kälte oder Wetterwechsel.

Belladonna fällt ebenso durch seine Plötzlichkeit der Erkrankung auf und wirkt bei akuten und hochfieberhaften Entzündungen. Belladonna wird im Stadium der Infiltration, im Übergang der Erkrankung zur Eiterung und damit am Beginn der Krise eingesetzt, nicht wie Aconitum vor der Lokalisation der Entzündung. Belladonna hat einen besonderen Bezug zu grobmaschigen Geweben, wie Euter und Lunge. Kennzeichnend für Belladonna sind trockene und heiße Schleimhäute, erweiterte Pupillen und Blutstau in den Venen. Der Puls ist hart und voll, die Extremitäten sind schmerzhaft und die Gelenke geschwollen. Bei rechtzeitigem Einsatz verhindert es die Entstehung von Schäden am Herzmuskel und an den Herzklappen, die infolge von Infektionskrankheiten möglich sind.

Propolis ist der Baustoff der Honigbienen und wird im Bienenstock aufgrund seiner antibiotischen Eigenschaften zum Mumifizieren von Eindringlingen verwendet. Die Inhaltstoffe wirken nicht nur gegen Bakterien, sondern auch gegen Viren und Pilze und es wirkt zudem kreislaufanregend. Sehr zu empfehlen ist Propolis als Zusatztherapie bei entzündlichen, viralen und bakteriellen Erkrankungen, bei Lähmungen und Herzmuskelschwäche.

Stoffwechsel- und Mangelkrankheiten

Stoffwechselstörungen kommen vor allem bei Milchkühen in der Frühlaktation vor und sind häufig mit anderen Erkrankungen verbunden. Sie sind nicht-infektiöse, nicht-ansteckende Erkrankungen und ihre Ursache liegt oft im Bereich der Fütterung. Es besteht ein Mangel oder Überschuss eines Futterbestandteiles oder ein schlechtes Verhältnis der Bestandteile in der Futterration.

Durch die Erkrankung im Stoffwechsel kommt es zur Überforderung der hormonellen Steuerung im Organismus, wodurch Funktionsstörungen ausgelöst werden und sich die Erkrankung äußerlich mit ihren Symptomen zeigt. Oft sind diese Anzeichen jedoch schwer zu bemerken, die Erkrankung verläuft schleichend und ohne auffallende Symptome.

Die Stoffwechselerkrankungen haben eine große wirtschaftliche Bedeutung und ihre Früherkennung und vorbeugende Behandlung ist sinnvoller als eine Therapie. Die Kontrolle des Fütterungszustandes der Herde ist der wichtigste Punkt in der Vermeidung von Erkrankungen.

Ketose

Eine häufig auftretende Stoffwechselerkrankung bei Milchkühen ist die Ketose. Sie ist eine komplexe Störung des Kohlenhydrat-Fett-Stoffwechsels mit Erhöhung der Konzentration der Ketonkörper, die entweder mit dem Futter aufgenommen (alimentäre Ketose), im Pansen der Kuh gebildet werden (ruminogene Ketose), bei Energiemangel (Energiemangel-Ketose) oder Glukosemangel im Organismus gebildet werden (hepatogene Ketose). Mit der Ketose sind andere Erkrankungen und ein Leistungsrückgang verbunden, oft auch eine Leberverfettung. Die Ketose kann subklinisch oder latent verlaufen, je nach Ursache akut oder chronisch.

Bei einer energiemangelbedingten und hepatogenen Ketose handelt es sich um eine primäre Ketose. Der Verlauf einer Laktation ohne Gesundheitsprobleme für die Milchkuh ist an das Gleichgewicht zwischen Aufnahme und Bedarf an Energie und besonders Glukose gebunden, das nicht immer aufrecht zu erhalten ist. Die Milchproduktion und die Erhöhung des Energiebedarfs setzen direkt nach dem Kalben ein und erreichen innerhalb einiger Tage ihren Höhepunkt. Innerhalb kurzer Zeit soll die Futter- und Energieaufnahme der Milchleistung entsprechen stark erhöht werden und so gerät fast jede Kuh in den ersten beiden Monaten nach der Kalbung in eine negative Energiebilanz, die am stärksten im Zeitraum der zweiten bis fünften Laktationswoche ausgeprägt ist. Neben dieser spontanen Form oder Unterfütterungsketose kommt es bei verfetteten Kühen und Färsen zu einer Überfütterungsketose, da durch die Fetteinlagerung und das Anwachsen des Kalbes im Muttertier schon vor dem Abkalben eine eingeschränkte Futteraufnahme besteht. Begleiterkrankungen, wie Klauen- oder Euterentzündungen, aber auch Stress oder Hitze, können eine sekundäre Ketose auslösen, also eine Ketose als

Folge einer anderen Erkrankung. Die Ketose zeigt sich in verschiedenen Formen:

Die **subklinische oder latente Form** zeigt keine Störung des Allgemeinbefindens, die Tiere fressen weniger und die Milchleistung sinkt. Später magern dies Tiere ab und der Gehalt an Ketonkörpern in Blut und Urin ist erhöht. Es kann durch die Schwächung des Immunsystems gehäuft zu Nachgeburtsverhalten, Gebärmutter- und Euterentzündung, Klauenproblemen, Labmagenverlagerung und Fruchtbarkeitsproblemen kommen. Die Ketose kann spontan abklingen, wenn die Milchleistung sinkt oder sie geht in eine klinisch manifeste Form über.

Diese **klinisch manifeste Form** kommt meist als **Verdauungsform** vor. Der Appetit, die Wiederkautätigkeit und Pansenmotorik nehmen ab, es kommt zu Verstopfung oder Durchfall, das Leberdämpfungsfeld vergrößert sich und wird schmerzhaft. Es kann zu Zähneknirschen und hochgezogenem Bauch kommen, die Milchleistung sinkt und das Tier wird immer magerer. Der Kot wird in Form von Scheibchen abgesetzt, die ein lasiertes und schleimüberzogenes Aussehen haben. Die zurückgehende Fresslust ist wechselhaft, die Kuh verweigert erst Silage, dann Kraftfutter und zum Schluss Heu.

Bei der **nervösen Form** kommen Störungen der Sinnesempfindungen und der Bewegung vor. Die Ketonkörper überwinden die Blut-Hirn-Schranke und entfalten ihre giftige Wirkung im Gehirn und Rückenmark. Neben Störungen im Verdauungssystem kommt es zu Mattigkeit, Schläfrigkeit und zum Koma. Es kann zu Überköten, schwankendem Gang, Steigbewegungen mit häufigem Kopfschütteln, Erregung und Tobsuchtsanfällen, Brüllen, Lecksucht und Schmatzen, Lähmung der Hinterhand und Erblindung kommen.

Homöopathische Behandlung

Aconitum: Bei plötzlichem und heftigem Beginn, das Tier ist ängstlich und ruhelos, Verdauungsprobleme mit Kolik und empfindlichem Bauch, starker Durst.

Antimonium crudum: Bei reizbarem Verhalten und Unruhe, das Tier neigt zum Fettansatz, möchte nicht angesehen und angefasst werden, wenig Appetit, zieht saures Futter vor, Aufblähung nach dem Fressen, Durchfall wechselt mit Verstopfung.

Carduus marianus: Das Tier ist müde und schläft viel, geringer Appetit, schmerzhafter Bereich um Leber und Unterbauch, Durchfall oder Verstopfung mit festem, dunklen Mist, auch mit Lungenbeteiligung.

Chelidonium: Das Tier ist benommen, ängstlich und reizbar, Durchfall wechselt mit Verstopfung, Mist ist hell (gelb oder grün), eher weich, Verlangen nach abwegigen, sonst verschmähten Futtermitteln, Verlangen nach Silage, kein Mineralfutter und Kraftfutter, kalte und geschwollene Extremitäten, Leberbereich schmerzhaft, Tiere liegen viel, vor allem auf der rechten Seite.

Cicuta virosa: Bei nervösen Symptomen, starrem Blick und seitlicher Kopfhaltung, Nach-hinten-Biegen von Kopf und Hals, heftiges Verhalten und seltsame Bewegungen, Verdauungsstörungen mit Unempfindlichkeit, Schaum vor dem Maul, Blähungen und Kolik.

Flor de piedra: Alles ist verlangsamt, Neigung zu Blähungen und Durchfällen, Rheuma-ähnlichen Erscheinungen und Lahmheit, kein Appetit, trockene Schleimhäute, Juckreiz am Kopf und Anus, das Mittel für längere Zeit geben, auch nach Besserung.

Lachesis: Kühe erkranken meist zwei Wochen nach Kalben, Milchleistung sinkt ab vor dem Erscheinen anderer Symptome, Leberbereich ist empfindlich, auch mit Fieber und Peritonitis (Bauchfellentzündung).

Lycopodium: Bei abgemagerten und schwachen Tieren, bei chronischer Erkrankung, besonders starke Symptome abends und nach dem Fressen, Tiere trinken wenig und haben Hautprobleme, Blähungen, auch Verstopfung abwechselnd mit Durchfall, bei

Mangelernährung in der Hochlaktation und langsamer Entwicklung der Erkrankung.
Nux vomica: Bei Verdauungsproblemen und verändertem Verhalten, aufgeregte und gereizte Tiere, sehr gute Fresser, nach dem Fressen aber Verdauungsprobleme mit heftiger Kolik, alles verkrampft hinten, klemmt Schwanz beim Misten ein.
Opium: Bei schläfriger Benommenheit, Trägheit, keine Schmerzen und kein Appetit, Bauch hart und aufgetrieben, Kolik und harter Kot, Verstopfung und viel Schweiß.
Stramonium: Auffallende Bewegungen und Schwanken, keine Schmerzen, hervorstehende und starre Augen, Abscheu vor Wasser, Kaubewegungen und Unvermögen zum Schlucken.

Gebärparese, Hypophospatämisches Festliegen, Kalbe- oder Milchfieber, Gebärparese oder -koma

Das Milchfieber ist eine häufige Stoffwechselkrankheit des Milchviehs, besonders bei einer hohen Milcheinsatzleistung nach dem Kalben. Sie kommt gehäuft bei älteren Kühen und am Ende des Winters vor.

Bei der **klassischen hypokalzämischen Form** oder dem Gebärkoma kommt es durch einen akuten Calciummangel im Zeitraum um das Kalben zu einer Störung des vegetativen Systems mit den Anzeichen der Hypokalzämie. Bei Beginn der Laktation steigt der Bedarf an Calcium sehr stark an, und so wird die Mobilisation von Calcium im Knochen und die Aufnahme aus dem Futter verstärkt. Es kann zu einem Mangel kommen, wenn die Freisetzung langsamer als die Abgabe erfolgt.

Tiere über drei Jahren haben im Darm weniger Vitamin-D_3-Rezeptoren und können so weniger Calcium aufnehmen, gleichzeitig haben sie eine verlangsamte Mobilisation aus den Knochen. Diese klassische Form kommt heute weniger vor.

Die **atypische Form,** die Hypophosphatämie, und die **tetanoide Form** mit einer Hypokalz- und Hypophosphatämie und einer Hypomagnesämie – kommen heute dagegen häufiger vor. Störungen im Phosphatstoffwechsel kommen durch die Abgabe von Phosphat mit der Milch oder dem Harn bei latenter Pansenazidose, bei geringer Futteraufnahme und Stress bei verfetteten Tieren vor.

Als Symptome fallen verminderter Appetit, Muskelzittern, unsicherer Gang, geringere Tätigkeit des Pansens und Festliegen der erkrankten Tiere auf. Meist können die Tiere in den ersten drei Tagen nach dem Kalben nicht mehr aufstehen. Bei der **hypokalzämischen Form** liegen die Kühe in Brustlage mit seitlich abgespreizten Hinterbeinen, sie fressen und kauen nicht mehr wieder, zeigen keinerlei Reaktionen auf die Umwelt. Die Gliedmaßen sind schlaff gelähmt, lassen sich passiv bewegen. In schweren Fällen liegen die Tiere in Seitenlage, haben Atem-und Kreislaufprobleme, fallen ins Koma und sterben.

Die Symptome einer **Hypophosphatämie** betreffen besonders das Aufstehen, die Schwierigkeiten sind besonders in der Hinterhand groß, die Gliedmaßen grätschen aus und das Tier nimmt eine fischrobbenähnliche Haltung ein. Die Sinneswahrnehmungen sind ungetrübt, Fieber kann, muss aber nicht auftreten.

Die **hypomagnesämische Form** fällt durch Schreckhaftigkeit und das Unvermögen zum Stehen auf.

Homöopathische Behandlung

Acidum phosphoricum: Festliegen und Schwäche aufgrund von Blut- oder Flüssigkeitsverlust, das Tier ist apathisch, der Bauch aufgetrieben und gebläht, schmerzloser Durchfall mit viel Blähungen.
Aurum: Bei sehr kräftigen Tieren mit warmer Haut, wollen mit Gewalt aufstehen, schaffen es nicht und verzweifeln über ihr Unvermögen, allgemeine Überempfindlichkeit.

Calcium carbonicum: Bei schwerfälligen und langsamen Tieren, große Erschöpfung und schlechte Erholung mit vielen Rückfällen, Schwäche in den Extremitäten mit Zittern, allgemeiner Einfluss auf den Calcium-Stoffwechsel.
Calcium phosphoricum: Ähnlich wie Calcium carbonicum. Gut mit Magnesium phosphoricum zum Regulieren des Stoffwechsels zu kombinieren.
China: Festliegen aufgrund Blut- oder Flüssigkeitsverlust, dabei Blähungen und Kolik möglich, vorbeugend jeder Kuh nach dem Kalben geben!
Conium: Die Lähmung steigt auf, ungestörtes Sensorium, erschwerter und steifer Gang, Schwäche und Zittern bei meist älteren Tieren.
Cuprum: Lähmung mit tonisch-klonischen Krämpfen, Zucken der Muskeln und stiere, nach oben gedrehte Augen.
Dulcamara: Ursache des Festliegens ist Erkältung oder Durchnässung.
Lathyrus sativus: Spastische Lähmung und verstärkte Reflexe, ungestörtes Sensorium und Krämpfe der Hals- und Rückenmuskeln, besonders nach Erkrankung und Auszehrung.
Magnesium phosphoricum: Schwächen und Krämpfe, allgemeine Muskelschwäche. Gut mit Calcium phosphoricum zu kombinieren.
Nux vomica: Bei der Folge von Überbelastung tritt spastische Lähmung und Verstopfung auf, ungestörtes Sensorium. Auch als Alleintherapie bei hochträchtigen, festliegenden Rindern (in D6).
Opium: Große Benommenheit und schlaffe Lähmung, enge Pupillen, Verstopfung und Kolik.
Phosphor: Schwäche nach Verlust von Flüssigkeit, nervös und abgemagert, Leberprobleme und Blähungen, Durchfall. Als Vorbeugung etwa zwei Wochen vor dem Kalben geben.
Plumbum: Lähmung geht vom Zentrum nach außen, Blässe und Anämie, fortschreitender Muskelschwund und Bewegungsstörungen bis zum Koma.
Veratrum album: Das Tier hat eine kalte und feuchte Haut, besonders an den Beinen, extreme Schwäche bis zum Kollaps, Durchfall und Krämpfe in den Extremitäten.

VORBEUGUNG

Zwei Wochen vor dem Abkalbetermin können Sie das passende Konstitutionsmittel geben, etwa **Phosphor** oder **Calcium carbonicum**, möglich ist auch die Kombination von **Calcium phosphoricum** und **Magnesium phosphoricum**.

Störung des Magnesiumstoffwechsels, Hypomagnesämische Tetanie

Bei der Weide-, Stall- oder Transporttetanie kommt es zu Störungen im vegetativen System mit tonisch-klonischen Krämpfen und akuten Anzeichen einer Hypomagnesämie und Hypokalzämie.

Dieser Mangel kann auf zu geringen Magnesiumgehalten im Boden und im Futter beruhen. Das junge und schnell gewachsene, eiweißreiche Gras hat außerdem schlecht verwertbares Magnesium im Vergleich zur Stallfütterung. Da die Mobilisierung in den Knochen des Tieres nur langsam erfolgt, kann es im Frühling oder Herbst zur Verarmung an Magnesium im Blut kommen. Hat man eine extrem Magnesium-arme Fütterung auch im Winterhalbjahr im Stall, kommt es zur Stalltetanie. Wird eine hochtragende Kuh länger transportiert, kann es hierdurch unter der zusätzlichen Belastung zu einer Transporttetanie kommen. Durch eine intensive Düngung der Wiesen und Weiden kann außerdem eine hohe Konzentration an Protein, Kalium und Ammoniak bei geringer Futterstruktur vorliegen und dies vermindert die Aufnahme von Magnesium aus dem Verdauungstrakt. Der Magnesiummangel verursacht wiederum eine geringere Futteraufnahme und einen Calciummangel, sodass nun ein kombinierter Mangel vorliegt.

Die leichte Form mit stabiler Calciumkonzentration im Blut weist Symptome wie geringerer Appetit und Milchleistung, langsamere Bewegung und steifen Gang, ängstlicher Blick, Schreckhaftigkeit und Krämpfe oder auch Zähneknirschen auf. Die schwere Form ist die klinisch manifeste Tetanie mit perakutem Verlauf und Erregung und Krämpfen, Hervortreten der Augen, feuchtes Maul, Speicheln und Muskelzittern und -zuckungen. Später verstärken sich die Krämpfe und das Tier geht ins Festliegen mit Ruderbewegungen und Koma bis hin zum Tod über.

Homöopathische Behandlung

Agaricus muscarius: Zittern und Zucken, steife und unsichere Bewegung, Lähmungen und Empfindlichkeit gegen Druck und Kälte.
Belladonna: Auffallende Erregung und Überempfindlichkeit, Gliederzucken und Hinken, kalte Extremitäten, alles ist heftig und plötzlich.
Calcium phosphoricum: Steifheit und Schmerzen, schlaffe und anämische Tiere, allgemein zur Anregung des Magnesiumstoffwechsels.
Cicuta virosa: Heftiges Verhalten mit Nachhinten-biegen des Kopfes und Halses, seltsame Bewegungen, auch Spasmen und Krämpfe.
Cuprum metallicum: Lähmung mit tonisch-klonischen Krämpfen, Zucken der Muskeln und stiere, nach oben gedrehte Augen.
Magnesium phosphoricum: Fördert die Mobilisierung und Aktivierung des Magnesiums im Organismus.

VORBEUGUNG

Möglich ist die Gabe von Phosphor in verschiedenen Potenzhöhen von D6 bis D30 oder C200 einmal täglich zwei Wochen vor dem Kalben und dann zweimal täglich einige Tage nach dem Kalben.

Weitere Erkrankungen

Erkrankung der Augen

Man kann das Auge mit einem Fotoapparat vergleichen. Die Kamera besteht aus einem auf die Entfernung einzustellendem Linsensystem, dem Objektiv, dann aus einer Blende zur Regulierung des Lichteinfalls, dem Bildträger, also dem Film, aus einem Verschluss und dem Gehäuse. Auch das Auge hat ein solches Linsensystem, bestehend aus einer starren Frontlinse, der Hornhaut, und einer verstellbaren Augenlinse. Die Aufgabe der Blende übernimmt die Regenbogenhaut oder auch Iris. Der Bildträger ist die Netzhaut. Das Gehäuse des Auges ist die Lederhaut und versorgt wird das Auge durch die Aderhaut. Der Augapfel oder Augenbulbus besteht aus drei Hautschichten. Die äußere Haut oder Faserhaut wird unterteilt in Lederhaut, die Sklera und Hornhaut, die Kornea. Die Aderhaut, der Ziliarkörper und die Regenbogenhaut oder Iris bilden die mittlere Haut, auch Gefäßhaut genannt. Die Netzhaut oder auch Retina ist dann die innere Haut des Auges

Verletzung am Auge

Das Auge kann durch die Stöße anderer Tiere, bei Stürzen und Unfällen, bei Weidegang durch Bäume oder Hecken bzw. im Stall durch hervorstehende Stalleinrichtungen oder Geräte, aber auch durch Fremdkörper verletzt werden.

In Abhängigkeit von der Schwere und dem Ort der Verletzung kommt es zu Tränenfluss, zu Rötung und Schwellung des Gewebes. Die Tiere sind lichtscheu und schließen krampfartig die Augen. Bei einer Gefäßzerreißung erscheint der gesamte Glaskörper rot, bei Beschädigung der Hornhaut färbt sich diese graubläulich und trüb.

Homöopathische Behandlung

Aconitum: Gilt als „Arnica der Augen“ und Anfangsmittel, die Augen sind rot und entzündet, auch nach der Entfernung des Fremdkörpers geben, besonders bei furchtsamen und unruhigen Tieren hilfreich, die sich sehr schnell und heftig gegen die Untersuchung und Behandlung wehren. Nach einer Gabe Sulfur besonders wirkungsvoll (Sulfur ist das „chronische Aconitum“).

Arnica: Als allgemeines Verletzungsmittel rasch nach der Verletzung geben, bei Blutung der Netzhaut, es fördert die Durchblutung im Bereich der Verletzung und mildert den Schock. Gut in Kombination mit oder nach Aconitum.

Belladonna: Rote Bindehaut und Schwellung mit Schmerzen. Oft nach Aconitum sinnvoll, wenn dieses nicht innerhalb einiger Stunden hilft, aber nicht im Wechsel geben.

Calendula: Bei frischen, aber auch älteren Wunden, die möglicherweise verschmutzt und infiziert sind. Gut mit Arnica, Hamamelis oder Hypericum zu kombinieren.

Euphrasia: Ausgesprochenes Augenmittel bei Verletzungen und Entzündungen, das Sekret ist brennend und wund machend, geschwollene Augenlider.

Hamamelis: Bei Blutungen im Auge, es wirkt auf die Gefäßwände mit Erschlaffung und folgendem Blutandrang, fördert den Abbau der Blutung im Auge. Gut mit Arnica zu kombinieren.

Hypericum: Das „Arnica der Nerven“ lindert die Schmerzhaftigkeit der Wunde im Augenbereich, besonders bei Stichwunden.

Ledum: Scharfe und spitze Verletzung sowie Blutung im Auge oder im Augenbereich, mit Austritt von Blut ins Gewebe der Augenlider, die Bindehaut oder in den Glaskörper, auch Quetschwunden, lokale Kälte, das heißt die Wunde ist nicht warm, eher kalt, und die

Schmerzhaftigkeit ist nicht so groß wie bei Hypericum.
Staphisagria: Bei Riss- und Schnittverletzungen der Hornhaut und Augenentzündung, sehr schmerzempfindlich, auch bei schmutziger oder infizierter Wunde.
Symphytum: Wichtig bei traumatischen Augenverletzungen und besonders bei Schlag mit einem stumpfem Gegenstand, verringert sehr gut den Wundschmerz der Verletzung, die möglicherweise äußerlich nicht sichtbar ist oder bei Blutung nach innen, Bluterguss.

Entzündung der Augenbindehaut, Konjunktivitis

Eine Bindehautentzündung oder Konjunktivitis kann in akuter oder chronischer Form vorkommen, sie kann infektiösen, nichtinfektiösen oder allergischen Ursprungs sein. Oft ist sie eine Begleiterscheinung anderer Infektionskrankheiten. Eine Sonderform ist die **Weidekeratitis**, die ansteckende Augenentzündung oder das „pink eye". Dies ist eine bakterielle Entzündung der Bindehäute und der Hornhaut des Auges, die besonders bei Weiderindern während dem Sommer auftritt. Es kommt zu eine grauen Trübung im Zentrum des Auges mit einem roten Hof und zur Erblindung des Tieres.

Mechanische Ursachen, wie Verletzungen, Fremdkörper, Insekten, kommen ebenso infrage wie eine Allergie oder eine Reizung durch Desinfektionsmittel, Kunstdünger oder Medikamente. Mikrobielle Erreger, wie Viren und Bakterien oder auch Eitererreger, sind ebenso möglich oder es besteht eine Miterkrankung im Rahmen einer Allgemeinerkrankung oder einer Septikämie.

Allgemein tritt eine Rötung der Bindehaut mit vermehrtem Augenausfluss und Schmerzhaftigkeit auf, die Tiere sind in unterschiedlichem Maß lichtscheu. Bei einer hochgradigen Erkrankung schwillt das gesamte Augenlid ödematös an und es entwickeln sich sichtbare Rinnen am inneren Augenwinkel, in denen die Haare ausfallen und die Haut durch den ständigen Tränenfluss geschädigt wird. Eine **katarrhalische Konjunktivitis** zeigt wässrig klaren Ausfluss, der später bei längerem Bestehen trüb und schleimig wird. Eine **eitrige Konjunktivitis** hat eitrigen Augenausfluss, die Wimpern verkleben möglicherweise, und in den Rinnen bilden sich eitrige Krusten, die später zu Nekrosen der Haut führen können.

Homöopathische Behandlung

Aconitum: Gilt als „Arnica der Augen" und Anfangsmittel bei akuter Bindehautentzündung besonders durch Zugluft und trockene Kälte, plötzlicher und heftiger Beginn, rot entzündete Augen ohne Tränen (Tränen nur nach trockenem und kaltem Wind) und geschwollene Lider.
Allium cepa: Bei mildem, starkem Tränenfluss und Lichtscheu, rote Augen und Brennen der Augen sowie Augenlider, häufig verbunden mit Nasenausfluss.
Apis: Bei akuter Schwellung und Ödemen der Augenlider, hellrote Bindehäute (nicht so auffallend rot wie Belladonna), auch eiternde Entzündung, Schmerzen im Augenbereich, möglich ist allergische Ursache der Entzündung, bei akuter Form schnelle Wirkung. Gut folgt Natrium chloratum (dies ist das chronische Komplementärmittel), aber nicht vor oder nach Rhus toxicodendron geben.
Argentum nitricum: Bei chronischer Konjunktivitis, follikularer Bindehautentzündung und infektiöser Keratitis der Jungtiere, verklebte Augen, schleimig eitriges oder gelblich grünes Sekret, auch bei Hornhauttrübung und Geschwüren der Lidränder oder der Hornhaut, die Tiere neigen zu Erkrankungen anderer Schleimhäuten. Pulsatilla verstärkt seine Wirkung.
Arsenicum album: Für akute und chronische Entzündungen, verbunden mit Abmagerung und Schwäche des Tieres, scharfer und

schmerzender Tränenfluss und große Lichtscheu, die Lider sind rot, schorfig und schuppig und es finden sich Ödeme um die Augen.
Belladonna: Akute Entzündung des gesamten Augapfels mit auffallender Rötung und Schmerzhaftigkeit durch Zugluft, lichtempfindlich, hervortretende und glänzende Augen, aber trocken und brennend, allgemeine Überempfindlichkeit und Angst des Tieres, große Lichtscheu. Folgt gut auf Aconitum.
Conium: Chronisch werdende Hornhautentzündung, Lichtscheu und viel Tränenfluss, große Schmerzen, auch im Anschluss an eine akute Entzündung mit zurückbleibenden Narben und Flecken, Knötchen auf den Lidrändern und Lidern, pustulöse Bindehautentzündung und Hornhautgeschwüre.
Euphrasia: Anfangsmittel bei Bindehautentzündung mit wundmachendem, wässrigem und reichlichem Tränenfluss sowie Eiter, Juckreiz und Schmerzen, Schwellung, Rötung und Brennen der Lider, pustulöse Bindehautentzündung, die auf die Hornhaut übergreift, dunkelrote Bindehaut voller Gefäße, Hornhautflecken und -narben, die Tier sind auffallend müde, liegen viel und bewegen sich wenig.
Euphorbium: Augenentzündung mit großen Schmerzen, morgens verklebte Augen.
Hepar sulfuris: Bei eitriger und sehr schmerzhafter Bindehautentzündung, krampfhafter Lidschluss, Augen und Lider sind rot und entzündet. Nicht am Anfang der Erkrankung geben, sondern im Eiterungsstadium.
Hypericum: Als „Arnica der Nerven" gut gegen die Schmerzen bei einer Augenentzündung.
Kalium bichromicum: Chronische Entzündung mit dickem und schleimigen, fadenziehendem Sekret, auffallend sind geringe oder keine Schmerzen bei heftiger Entzündung, Augenlider brennen, sind ödematös und geschwollen.
Kreosotum: Die Absonderungen sind salzig, scharf und übel riechend, tief greifende Entzündung mit heftiger Rötung, Schwellung und Geschwüren, die Lider sind rot, wund und geschwollen.
Lachesis: Besonders gut bei Entzündung mit viel eitrigem Sekret und sich ausbreitender Entzündung.
Mercurius solubilis: Eitriger, schleimiger und wund machender Tränenfluss, tiefrote Bindehaut und Hornhautentzündung, extreme Lichtscheu, geschwollene Augenlider und milchige Hornhauttrübung, Bläschen auf der Hornhaut, ausbleibende Pupillenreaktion, Entzündung der Lider und Lidzysten, das Tier ist hektisch und reizbar, absolute Berührungsempfindlichkeit am Kopf. Gut mit Euphrasia zu kombinieren.
Mercurius corrosivus: Ähnliche Wirkung wie Mercurius solubilis, aber viel heftiger, tief greifende und geschwürige Hornhautentzündung, sehr große Lichtscheu und scharfer Tränenfluss, weniger Eiter, aber große Schmerzhaftigkeit und Brennen. Gut mit Euphrasia zu kombinieren.
Natrium chloratum: Schleimiger Eiter, brennende und scharfe Tränen, geschwollene Lider, eher bei chronischer Form, besonders Entzündung aufgrund einer Stoffwechselstörung.
Pulsatilla: Im weiteren Verlauf und gegen Ende der Konjunktivitis oder bei Neigung zur Chronizität, bei reichlichem eitrigem und dickem, milden Ausfluss mit Jucken und Brennen, Geschwüre in Augenmitte, entzündete und verklebte Lider und Tränenfluss durch Wind.
Rhus toxicodendron: Die Augen sind geschwollen und rot, Lichtscheu und reichliche Absonderung von gelbem Eiter, bei alten Augenverletzungen und Geschwüren der Hornhaut, allgemein bei Entzündung nach Feuchtigkeit und Kälte.
Silicea: Bei eitriger Entzündung mit gelbem und mildem Sekret, auch bei Geschwüren und Abszessen im Auge, zur Anregung des Abbaus von Narbengewebe und Trübungen

im Auge. Muss aber längere Zeit gegeben werden.

Sulfur: Bei Hitze und Brennen in den Augen, bei Geschwüren der Hornhaut und der Lidränder, bei Glaskörpertrübung und als Reaktionsmittel bei chronischem Verlauf, es fördert die Entgiftung. Besonders nach Vorbehandlung mit anderen Medikamenten.

EXTRA-HINWEIS

Die **Schleimhäute der Augen**, also die Bindehaut von Ober- und Unterlid, des dritten Augenlides und die Sklera sowie die durchsichtige Augenhaut, die Hornhaut, dienen zu Beurteilung von Gesundheit oder Erkrankung. Ihre Farbe, der Glanz und die Beschaffenheit ihrer Oberfläche, ihre Feuchtigkeit und mögliche Auflagerungen sagen viel über den Gesamtzustand des betreffenden Tieres aus.

Blasse Schleimhäute weisen auf die Zentralisation des Kreislaufs oder eine Anämie hin; eine Rötung dagegen auf eine Entzündung; eine Zyanose, das heißt Verfärbung in Richtung Lila, auf eine Insuffizienz des Herzens oder der Atmung; eine Gelbfärbung auf einen Ikterus; eine schmutzig-rote Farbe auf eine Sepsis oder Vergiftung; Blutungen, punktförmig oder flächenhaft, auf eine Sepsis, eine BVDV-Infektion oder Vergiftung hin. Bei neugeborenen Tieren zeichnen sich Blutungen unter der Sklera als Zeichen einer Schwergeburt ab.

Auch die **Lage des Augapfels** lässt Rückschlüsse auf den Gesundheitsstatus zu, denn ein gesundes Tier hat keinen Spalt zwischen dem Augapfel und dem dritten Augenlid. Ist hier ein Spalt zu erkennen, bezeichnet man den Augapfel als eingesunken. Das Tier hat jetzt einen Flüssigkeitsverlust von 6–7 %, falls es nicht so abgemagert ist, dass seine Augen aufgrund des abgebauten Fettkörpers schon tiefer liegen.

Erkrankung des Lymphapparates

Zum lymphatischen System gehören die Lymphbahnen, die Lymphknoten, die Mandeln, die Milz und das lymphatische Gewebe auf den Schleimhäuten. Die Lymphbahnen durchziehen, wie die Blutbahnen, den gesamten Körper. Sie verlaufen parallel zu den venösen Blutgefäßen und vereinigen sich zu immer größeren Lymphbahnen, die dann in den Lymphknoten zusammenlaufen. Von dort werden sie in großen Sammelbahnen weitergeführt, wie beispielsweise dem Milchbrustgang. Die Aufgabe des Lymphsystems besteht im Abtransport von Zellen mit Abbau- und Fremdstoffen, wie abgestorbenen Leukozyten oder Staubkörnchen oder anderer Fremdkörper, Krankheitserregern, aus den Geweben. Die Lymphknoten stellen Filter dar, die die Lymphe reinigen. Außerdem werden in den Lymphknoten die Lymphozyten gebildet, die zu den weißen Blutkörperchen zählen und wichtig für das Immunsystem sind. Bei einer Infektion schwellen die Lymphknoten an, bei starken oder chronischen Infektionen können sie auch abszedieren. Die Lymphe wird aus der Interzellularflüssigkeit gebildet und ähnelt in Aussehen und Zusammensetzung dem Blutserum, hat aber weniger Eiweiß und Kohlenhydrate, dafür mehr Fett.

Entzündung der Lymphknoten, Lymphadenitis

Eine Lymphadenitis ist eine Anschwellung der Lymphknoten aufgrund einer akuten oder chronischen Entzündung in der Umgebung des Lymphknotens.

Bei einer Entzündung im Halsbereich kommen die Krankheitserreger über die Lymphgefäße in den regionalen Lymphknoten, dieser reagiert mit Entzündung und schwillt an. Die Lymphknoten können sich auch durch bestimmte Bakterien, die sich dort ansiedeln, selbst entzünden und anschwellen. Die Lymphadenitis kann akut und chronisch sein.

Die akut entzündeten Lymphknoten sind verdickt und härter als normal, sie sind beim Abtasten schmerzhaft. In chronischen Fällen sind sie oft mit der Umgebung verhaftet und nicht mehr zu verschieben, sie können abszedieren und fisteln. Durch ihre Größe und Lokalisation führen sie möglicherweise zu Schluck- und Kaubeschwerden oder Atemnot.

Homöopathische Behandlung

Aconitum: Im ersten Entzündungsstadium geben, bei plötzlicher und heftiger Erkrankung, schnellem Anstieg des Fiebers, die Entzündung ist noch nicht lokalisiert.
Belladonna: Bei akuter und hoch fieberhafter Entzündung und wenn die Eiterung eingesetzt hat, trockene und heiße Schleimhäute, harter und voller Puls.
Calcium fluoratum: Gutes Gewebemittel für harte und steinige Drüsen, die eitern können. Eher für chronische Erkrankungen.
Conium: Bei chronisch rezidivierenden Entzündungen mit vergrößerten und verhärteten Drüsen, das Tier erscheint schwach und ängstlich.
Echinacea: Stärkt die Abwehrkraft des Tieres und unterstützt die Abheilung. Als Ergänzung gut mit anderen Mitteln zu kombinieren.
Hepar sulfuris: Bei Eiterung und Abszessen, eiternde Drüsen sind sehr empfindlich und das Tier will nicht berührt werden, der Eiter kann blutig sein und stinkt.
Lachesls: Bei Fieber und schlechtem Allgemeinbefinden sowie Berührungsempfindlichkeit, die Lymphknoten sind weich, bei Gefahr der Ausbreitung der Infektion und Sepsis.
Mercurius solubilis: Bei beginnender Abszedierung, akute und schmerzhafte Entzündung im Bindegewebe, übel riechendes Sekret.
Myristica sebifera: Wird als das „homöopathische Messer“ bezeichnet, weil es bei eitrigen Entzündungen oder Abszessen im Stadium der Reifung eröffnend auf den Abszess wirkt, der Verlauf der Entzündung ist nicht so akut wie bei Hepar sulfuris.
Phytolacca: Als Drüsenmittel für schmerzhafte, heiße und entzündete Drüsen, das Tier kann kaum schlucken und hohes Fieber bekommen.
Pyrogenium: Bei schwerer Erkrankung und Gefahr der Sepsis, das Tier hat hohes Fieber, ist unruhig und zittert, mit auffallenden und ungewöhnlichen Symptomen, die unharmonisch sind.
Silicea: Zur Nachbehandlung der Vereiterung, fördert die Ausheilung, auch bei chronischer Form und bei Störungen des Immunsystems, zusätzlich regt es die Funktion der Lymphdrüsen an.

Erkrankung der Atemwege

Nasenbluten

Ein verletzungsbedingtes Bluten der Nase kommt beim Rind selten vor. Leichte Blutungen hören meist von alleine auf, stärkere Blutungen benötigen sofortige tierärztliche Hilfe.

Rinder können Nasenbluten aufgrund von Verletzungen (Fremdkörper oder durch das Einführen einer Nasenschlundsonde!) oder durch Überanstrengung bekommen, aber ebenso im Verlauf einer Erkrankung, wie Lungenentzündung, Influenza, bei einer Wucherung der Nasenschleimhaut oder bei einem Tumor.

Bei einer örtlichen Verletzung kommt vorwiegend das Blut aus einem Nasenloch, bei einer allgemeinen Störung kommt es meist aus beiden Öffnungen. Das Blut ist bei einer arteriellen Verletzung heller als bei einer venösen und bei Überanstrengung ist das austretende Blut hellrot gefärbt. Bei Beteiligung der Lunge ist das Blut blasig!

Homöopathische Behandlung

Aconitum: Bei plötzlichem Nasenbluten durch Überanstrengung, durch Stress oder bei Blutungsneigung, Tier hat ein ängstliches und unruhiges Verhalten.
Arnica: Bei akuter Blutung und Verletzung, große Erschöpfung durch Schmerzen und Blutverlust.
Belladonna: Bei Blutung in Verbindung mit einer Erkrankung des Zentralnervensystems, mit vollem Puls und erweiterten Pupillen.
Bryonia: Nasenbluten am frühen Morgen, Konstitutionsmittel.
Hamamelis: Bei dunklem, nicht geronnenem Blut und gestauter Halsvene.
Bellis perennis: Bei feinen und dünnen Blutung aus Kapillaren.
Crocus sativus: Schwarze und fädige Blutung, eher schon geronnen und aus der Nase hängend.
Ferrum phosphoricum: Hellrotes Blut, das Tier ist nervös und sensibel.
Hamamelis: Venöse Blutung, passiv fließend und nicht gerinnend, schlechter Geruch aus der Nase.
Ipecacuanha: Hellrotes Blut aus der Nase bei kleiner Anstrengung.
Millefolium: Hellrote arterielle Blutung nach einer Verletzung.
Phosphorus: Stillt gut Blutungen der Schleimhaut, Nasenbluten bei Lungenentzündung.
Staphisagria: Bei Schnittverletzung und eingerissenem Gewebe.
Thlapsi bursa pastoris: Blutstiller bei allen Blutungen, besonders im Kopfbereich.

Nasen- und Nasennebenhöhlenentzündung, Rhinitis und Sinusitis

Allgemein treten Entzündungen der Nasenschleimhaut eher bei Kälbern als bei erwachsenen Tieren auf. Diese Entzündungen können katarrhalisch, eitrig, kruppös, nekrotisierend oder hämorrhagisch sein. Eine Entzündung der Nasennebenhöhlen ist als eitrige Entzündung der Stirnhöhlen möglich, die als Folge eines Bruches im Bereich der Hornzapfen oder beim Enthornen auftritt.

Durch die langsame Entwicklung der Entzündung kommt es zeitversetzt zu schleimigem, eitrigem Nasenausfluss. Die erkrankten Tiere halten den Kopf schief, sind benommen, haben Fieber und ein gestörtes Allgemeinbefinden. Bei Eröffnung der Stirnhöhle fließt Sekret ab, das bei einem Verschluss der Stirnhöhle zu Störungen im Zentralnervensystem führt, zu Apathie oder Erregung.

Homöopathische Behandlung

Aconitum: Als Erstmittel sofort verabreichen, akute und plötzliche Erkrankung, besonders nach trockenem und kaltem Wetter, mit Fieber und trockener Nasenschleimhaut.
Allium cepa: Absonderungen der Nase scharf und reichlich, oft besteht auch Tränenfluss, der aber mild ist, bei Erkältung in nasskaltem Wetter.
Arsenicum album: Absonderung können dünn und scharf sein, oft begleitend von Augenentzündung, das Tier erscheint schwach und rastlos.
Dulcamara: Erkrankung infolge eines Kältesturzes nach einem warmen Tag, oft im Spätsommer oder Herbst, eher verstopfte Nase oder dicker gelber Schleim, blutige Krusten.
Hydrastis: Absonderung ist gelb, katarrhalisch und fließt kontinuierlich, wund machende Sekrete, das Tier ist eher alt, erschöpft und abgemagert.
Kalium bichromicum: Bei chronischer Entzündung mit eitrigem, gelbem und fadenziehendem Sekret, stinkender Geruch und kein Fieber, allgemeine Schwäche bis zur Lähmung.
Mercurius corrosivus: Die Absonderung ist schleimig, blutig und grünlich, besonders bei Miterkrankung der Nasenknochen, Schleimhaut ist trocken und rot, schmerzhaft.
Mercurius solubilis: Das Sekret ist grünlich und auch mit Blut vermischt, eitrig, das Tier hat Schmerzen, ist schwach, alle Absonderungen und der Atem stinken.

Pulsatilla: Wechselhafte Symptome mit dicken, gelben, reichlichen Absonderungen, Krusten an der Nase und übler Geruch, schmerzhafte Nasenknochen.
Silicea: Die Absonderung ist dünnflüssig und gräulich, möglich ist auch eine Schwellung der Nasenknochen, bei chronischen Erkrankungen und zur Abschlussbehandlung.

Kehlkopfentzündung, Laryngitis und Kehlkopfödem

Eine Entzündung des Kehlkopfs tritt vereinzelt als selbstständige Schleimhauterkrankung oder im Verlauf einer Infektion durch Bakterien oder Viren auf. Kälber erkranken eher als erwachsene Tiere, hier kann eine Entzündung durch Fusobacterium necrophorum auf den Kehlkopf übergreifen. Durch eine Anstauung von Sekreten und Anschwellen der Schleimhaut entwickelt sich eine Verengung im Bereich des Kehlkopfes (Glottisödem).

ACHTUNG!

Bei einem Glottisödem besteht die Gefahr eines möglichen Erstickens infolge der Entzündung!

Durch eine Verletzung, einen Fremdkörper oder das Einatmen von reizenden Gasen wie auch durch Stiche von Kriebelmücken kann es zu einer Entzündung oder einer allergisch-toxischen Reaktion im Kehlkopfbereich kommen.

Eine Kehlkopfentzündung kann sich durch trockenen und kräftigen Husten zeigen. In schweren Fällen sind die Tiere kurzatmig und die Atmung ist röchelnd oder schnarchend. Die Lymphknoten im Bereich des Kehlgangs können anschwellen. Beim Kehlkopfödem zeigen sich hochgradige Atemnot mit Maulatmung und Zyanose. In hochakuten Fällen kann es rasch zum Tod kommen.

Homöopathische Behandlung

Aconitum: Im frühen Stadium und bei Fieber als erstes Mittel geben, bei Entzündung nach Zugluft oder Unterkühlung, Lymphknoten geschwollen und trockene Schleimhaut.
Apis: Zur Behandlung der ödematösen Schwellung, das Tier ist schmerz- und berührungsempfindlich und hat Schluckbeschwerden durch die geschwollenen Lymphknoten.
Argentum nitricum: Bei chronischem Reizhusten und Heiserkeit, dicker Schleim und dunkel gefärbter Rachen.
Baptisia: Dunkelrote Schleimhaut, Einschnürung der Speiseröhre und Probleme beim Schlucken, auch bei schmerzloser Halsentzündung, stinkende Absonderung.
Belladonna: Als Anfangsmittel und bei Fieber, heftige sowie plötzliche Erkrankung, Schluckbeschwerden, rote und geschwollene Schleimhaut, schwieriges Schlucken.
Bryonia: Bei hartem und trockenem Reizhusten und Bronchitis, trockene Schleimhaut und zäher Schleim, der schwer abgehustet wird.
Causticum: Bei chronischer Heiserkeit und trockenem Reizhusten in Anfällen, kaum Auswurf, fortschreitende Schwäche und Abmagerung.
Drosera: Besondere Wirkung auf die Atemwege, krampfartiger und trockener Reizhusten mit vielen aufeinanderfolgenden Anfällen, das Tier kann schlecht atmen, auch Auswurf mit Blut.
Hepar sulfuris: Bei Vereiterung der Lymphknoten, starken Schmerzen, reichlich Sekret, das Tier erscheint reizbar und heftig.
Jodum: Starke Schmerzhaftigkeit, der Auswurf ist auch blutig, möglich sind Fieber und Abmagerung, die Entzündung zieht nach unten.
Mercurius solubilis: Bei starker Rötung, die Entzündung stinkt und das Tier versucht ständig zu schlucken, bei jedem Wetterwechsel kommt die Entzündung wieder. Auch nach der Eiterbildung geben.

Phosphor: Schmerzhafter Kehlkopf und harter, trockener Husten, beschleunigte und beklemmte Atmung.
Rhus toxicodendron: Entzündeter Hals mit geschwollenen Drüsen, schmerzhaftes Schlucken und linksseitige Entzündung der Speicheldrüsen.
Sanguinaria: Geschwollene Schleimhaut, besonders rechts, Geschwüre und Entzündung der Lymphknoten, Kehlkopfödem, zäher, fest sitzender Auswurf, auch mit Atemnot und stinkendem Atem.
Spongia: Trockenheit und Schmerzhaftigkeit des Kehlkopfes, der auch berührungsempfindlich ist, Reizhusten in Anfällen und schweres Atmen, starke Erschöpfung nach jeder Anstrengung.

Luftröhrenentzündung, Tracheitis

Die Schleimhaut der Luftröhre entzündet sich häufig nach Transporten und bei Infektionen der Atemwege durch das Einatmen von reizenden Gasen oder durch Fremdkörper.

Bei den erkrankten Tieren kommt es zu Fieber. Die Atmung ist beschleunigt, der auftretende Husten trocken, später feucht und lässt sich durch Druck auf die Luftröhre auslösen. Bei der chronischen Form kommt es zu Husten mit schleimigem Auswurf und möglicherweise zu Symptomen einer Lungenentzündung.

Homöopathische Behandlung

Aconitum: Als erstes Mittel zu Beginn der Erkrankung geben und wenn die Ursache Kälte und Zugluft ist, plötzliches Auftreten der Erkrankung, das Tier wirkt ängstlich erregt und hat großen Durst, trockener und schmerzhafter Husten.
Belladonna: Mit ähnlichen Symptomen, aber das Tier kann schwitzen, jedoch trockene Schleimhäute und weite Pupillen, bellender Husten in Anfällen, Erregung und Mattigkeit wechseln ab.
Bryonia: Bei hartem und trockenem Reizhusten und Bronchitis, trockener Schleimhaut und zähem Schleim, der schwer abgehustet wird, sehr schmerzhaft, das Tier liegt viel.
Causticum: Bei eher chronischem Husten und Heiserkeit, trockenem Reizhusten in Anfällen, kaum Auswurf, fortschreitende Schwäche und Abmagerung, Harn geht beim Husten ab.
Dulcamara: Bei Erkrankung als Folge von feuchtem Wetter, Durchnässung oder nach Kältesturz nach warmem Tag, oft im Spätsommer oder Herbst, reichlicher Auswurf, lockerer, rasselnder Husten und Husten nach Anstrengung.
Drosera: Besondere Wirkung auf die Atemwege, krampfartiger und trockener Reizhusten mit vielen aufeinanderfolgenden Anfällen, besonders nachts, das Tier kann schlecht atmen, auch blutiger Auswurf.
Echinacea: Bei eitriger Entzündung der Lymphknoten und Symptomen von Blutvergiftung.
Hepar sulfuris: Trockener und lockerer Husten in Anfällen, auch erstickender Husten mit Herzklopfen, die Tiere sind kälteempfindlich und husten bei kalter und trockener Luft.
Spongia: Trockenheit und Schmerzhaftigkeit des Kehlkopfes, der berührungsempfindlich ist, Reizhusten in Anfällen und schweres Atmen, starke Erschöpfung.

Entzündung der Bronchien und der Lunge

Eine Erkrankung nur der Bronchien kommt selten vor, meist in Verbindung mit einer Lungenentzündung, einer Luftröhren- oder Kehlkopfentzündung. Eine Lungenentzündung betrifft meist gleichzeitig die Bronchien, die Bronchiolen und Lungenalveolen, das Lungenzwischengewebe und das Brustfell.

Es gibt unterschiedliche Formen von Bronchopneumonien, die alle mit Fieber, Husten und Ausfluss aus der Nase, erschwerter Atmung und Atemgeräuschen sowie schlechtem Allgemeinbefinden einhergehen.

Diese Erkrankung wird durch Viren oder Bakterien, Endoparasiten oder Pilze verursacht. Möglich sind ebenfalls eine mechanische Schädigung, die Inhalation von Gasen, Futterteile, Fremdkörper, eine Allergie auf Heustaub, Schimmelpilze oder Parasiten. Begünstigt wird eine Erkrankung durch alle Faktoren, die das Abwehrsystem der Tiere schwächen, also Stress, Fehler in der Haltung und Fütterung oder Vorerkrankungen. Es gibt eine Vielzahl von Virusarten, die hier mitbeteiligt sind (Adeno-, Herpes-, Corona-, Rhino-Viren), aber auch viele Bakterien (Staphylokokken, Streptokokken, Escherichia coli, Klebsellien).

Homöopathische Behandlung

Aconitum: Bei den ersten Fieberanzeichen geben, das Fieber ist hoch und steigt, ängstliche Unruhe, kein Schwitzen, warme Haut, Folge von heftiger Erkältung, trockener Kälte oder kaltem Wind, der Husten ist trocken, kurz und bellend, da die Schleimhäute trocken sind.

Belladonna: Plötzlicher und heftiger Beginn mit Fieber und feuchtem Fell, trockener Reizhusten, spastisch und schlechter bei Bewegung, Pupillen erweitert und glänzende Augen, deutlich sichtbarer Venenpuls, Stöhnen bei jedem Atemzug.

Bryonia: Bei beginnender Exsudation und Pleuritis, Atemnot und Entzündung, Husten trocken, sehr schmerzhaft und erschütternd bei der geringsten Bewegung, beim Fressen oder Trinken, Fieber mit großem Durst auf viel kaltes Wasser.

Cuprum aceticum: Quälender Krampfhusten, viel Rasseln und klebriger, zäher Schleim, die Atmung ist kurz und schwer bis zur Atemnot.

Drosera: Krampfartiger und trockener Reizhusten mit vielen aufeinanderfolgenden Anfällen, besonders nachts, das Tier kann schlecht atmen, auch blutiger Auswurf.

Echinacea: Bei eitriger Entzündung der Lymphknoten und Symptomen von Blutvergiftung.

Ferrum phosphoricum: Nicht sehr heftiger Beginn der Erkrankung und weniger Fieber, trockener und schmerzhafter Husten, Auswurf schleimig oder etwas blutig, Fieber morgens höher, Tiere erscheinen nicht so krank wie das Fieber vermuten lässt.

Hepar sulfuris: Bei anfänglich trockenem, bellendem Husten und dann leicht löslichem Katarrh, schleimiger Husten, eitriger und dicker Nasenausfluss und Auswurf, das Tier liegt viel, ist kälteempfindlich.

Ipecacuanha: Bronchitis entwickelt sich schnell mit Atemnot, großblasiges Schleimrasseln, unstillbarem Krampfhusten, der Schleim kann nur schwer abgehustet werden, Tier steht mit gesenktem Kopf und Würgen.

Lachesis: Der obere Teil des Halses ist sehr empfindlich, trockener Husten und Erstickungsanfälle, septische Entzündung, schleichende und erschöpfende Erkrankung.

Lycopodium: Tiefer und hohler Husten mit großer Atemnot, Schleimrasseln und allgemeine Abmagerung, schwachem Kreislauf und Empfindlichkeit.

Phosphor: Bei zähem Sekret, auch mit Blut, trockener Husten und Gefahr einer Lungenentzündung.

Propolis: Unterstützt die Behandlung durch seine entzündungshemmende, immunstärkende Wirkung, es regt den Kreislauf an und unterstützt das Abhusten.

Sticta pulmonaria: Bei Entzündung eher im Bereich der Trachea, lauter, bellender und trockener Husten, der unstillbar ist, sich bei Bewegung und abends verschlechtert, trockene Schleimhäute und leichtes Fieber. Vor Bryonia geben.

Tartarus emeticus: Bei feinblasigem Atemgeräusch und großer Atemnot, das Tier ist kalt und trocken, es kann Untertemperatur haben.

Lungenödem

Durch eine Blutansammlung in der Lunge kann es zum Austritt des Blutserums in das Zwischenzellengewebe und in die Lungenalveolen kommen, wodurch ein Lungenödem folgt. Oftmals kommt es in Kombination mit einer Bronchopneumonie oder einem Lungenemphysem vor.

WICHTIG!

Behandeln Sie die erkrankten Tiere sehr ruhig und vorsichtig, um weitere Atemnot zu vermeiden.

Die Tiere fallen durch sehr große Atemnot auf, durch einen ängstlichen Blick, abgespreizte Vorderbeine, Rasselgeräusche und Schaum aus Nase und Maul, der blutig sein kann.

Eine Allergie ist die Ursache für das perakut verlaufende **Weideemphysem**, reizende Gase oder Infektionen verursachen das akute und entzündliche Lungenödem und eine Herzerkrankung das chronisch verlaufende Lungenödem. Das akute Weideemphysem oder Lungenemphysem und -ödem betrifft besonders ältere Rinder oder erwachsene Tiere bei Weidehaltung. Es handelt sich um eine Entgleisung des Stoffwechsels durch das im Weidegras enthaltene Tryptophan. Plötzlich sterben Weiderinder oder fallen durch Atemnot auf, haben einen matten Husten und schaumigen, weißen oder rosafarbenen Ausfluss aus der Nase oder dem Maul.

Homöopathische Behandlung

Ammonium carbonicum: Emphysem, Lungenödem und große Beklemmung beim Atmen, besonders nach Anstrengung, langsame, angestrengte und röchelnde Atmung mit blasigem Geräusch, bei Ödemen besonders auf der rechten Seite.
Antimonium arsenicosum: Bei Emphysem mit sehr großer Atemnot und Husten, viel Auswurf, katarrhalische Entzündung mit Herzproblemen, das Tier ist schwach.
Antimonium sulfuratum aurantiacum: Bei drohender Pneumonie und starker Verschleimung, schwere Atmung und trockener, harter Husten, der chronisch wird.
Antimonium tartaricum: Bei feuchtem Husten, wenig Auswurf und viel schaumigem Speichel, das Tier ist sehr schläfrig und schwach, die Atmung ist kurz und erschwert, Ödeme und drohende Lungenlähmung.
Apis: Bei Lungenödem, Atemnot und heftigen Hustenstößen, auffallende Durstlosigkeit und Berührungsempfindlichkeit.
Bryonia: Deutliche Atemnot und Entzündung, Husten trocken, sehr schmerzhaft und erschütternd bei der geringsten Bewegung, beim Fressen oder Trinken, Fieber mit großem Durst auf viel kaltes Wasser.
Drosera: In chronischen Fällen und bei tiefem und lang anhaltendem Krampfhusten, Anfälle folgen schnell aufeinander, das Tier kann kaum atmen.
Lycopodium: Bei erschwerter Atmung und gleichzeitigen Problemen mit der Verdauung und leicht aufgeblähtem Pansen, auch schwerer Verlauf der Lungenerkrankung, Auswurf ist grau, dick, blutig und eitrig, auch verschleppte Entzündung mit Schwäche und Abmagerung.
Nux vomica: Husten mit oberflächlicher Atmung, Atembeklemmung, trockener Reizhusten, möglich auch mit Blut, unterstützt gleichzeitig die Verdauungsfunktion und Entgiftung
Phosphor: Chronische Form und schnelle Entwicklung der Lungenentzündung, schnelle und flache Atmung, trockener und harter Husten und Lungenstauung.

TIPP

Die Kombination von Kalium carbonicum mit Laurocerasus und Crataegus unterstützt den Kreislauf.

Erkrankung von Herz und Kreislauf

Herz und Kreislauf lassen das Blut im Organismus zirkulieren. Das Blut ist Transportmittel zu den Resorptionsorganen der Nahrungsstoffe, zum Beispiel zum Darm, aber auch zu den Depots wie Leber, Fettgewebe oder Knochen. Außerdem durchströmt das Blut die Lunge und dient dem Gasaustausch. Jede einzelne Körperzelle wird zudem vom Blut erreicht und ermöglicht dort den Gas- und Stoffwechsel. Auch der Wärmetransport wird mit dem Blutstrom ermöglicht. Das Herz ist ein starker Muskel mit Hohlräumen und arbeitet wie ein Motor zur Blutbewegung. Beim Rind beträgt die Größe des Herzens etwa 0,4 bis 0,6 % des Körpergewichtes. Die Blutgefäße lassen sich in Arterien, die vom Herz wegführen, und in Venen, die zum Herz hinführen, unterscheiden. Kapillare sind Haargefäße, sie verbinden Arterien und Venen in den Außenbezirken und ermöglichen den Gas- und Stoffaustausch. Man unterscheidet den großen Kreislauf oder Körperkreislauf und den kleinen Kreislauf, den Lungenkreislauf. Der Pfortaderkreislauf geht von den Verdauungsorganen und der Milz zur Leberpforte.

Herzbeutelentzündung, Perikarditis

Eine bakterielle Infektion verursacht eine eitrig jauchige oder fibrinöse Entzündung mit zunehmender Anfüllung des Herzen, wodurch seine Arbeit sehr behindert wird.

Die Bakterien können auf dem Blutweg oder durch eine Verletzung in den Herzbeutel gelangen. Spitze **Fremdkörper** (Nägel, Nadeln oder Draht) können aus dem Bereich von Haube und Pansen in den Herzbeutel vordringen und ermöglichen eine Entzündung der Haubenwand und später des Bauchfells (Peritonitis) oder der Lunge oder anderen Bereichen des Herzens.

Man stellt die Symptome einer Fremdkörpererkrankung fest (aufgekrümmter Rücken, Zähneknirschen und Stöhnen, Koliksymptome, verringerte Pansenmotorik, beschleunigte Atmung und Puls), daneben erhöhte Puls- und Atemfrequenz und Herzschwäche. Das Tier liegt viel und erscheint matt, die Nasenöffnungen sind erweitert und es bilden sich Ödeme. Später fressen und wiederkäuen die erkrankten Tiere weniger, sie magern ab und sterben plötzlich. In manchen Fällen kommt es zu einer Vergiftung und Sepsis durch die Entzündung oder es kann ein chronischer Verlauf einer Pyämie beobachtet werden.

Homöopathische Behandlung

Apis: Wirkt auf den Erguss im Perikard und reduziert die Flüssigkeit im Herzbeutel, die Tiere sind besonders berührungsempfindlich und erschöpft.
Arnica: Besonders bei Erkrankung nach Überanstrengung oder Verletzung, bei Husten durch Herzschaden und Herzwassersucht mit Atemnot.
Bryonia: Bei Entzündung nach einer Pleuritis (Rippen- oder Brustfellentzündung), da besondere Wirkung auf die serösen Häute, trockene Schleimhäute und große Schwäche.
Crataegus: Ein Kräftigungsmittel für den Herzmuskel, aber kein Einfluss auf die innere Haut des Herzens, bei unregelmäßigem Herzschlag und chronischer Erkrankung mit sehr großer Schwäche und Atemnot, stützt das Herz auch bei Infektionskrankheiten.
Digitalis: Bei allen Herzerkrankungen mit schwachem und unregelmäßigem Puls, der sehr langsam ist und Wassersucht durch Schwäche und Dilatation des Herzmuskels, große Schwäche und Kälte der Haut, unregelmäßige Atmung, gleichzeitig Lebererkrankung, Gelbsucht und Gefahr eines Kollaps.
Echinacea: Unterstützt die Ausheilung der Entzündung und bei Sepsisgefahr.
Lachesis: Beeinflusst mögliche toxische Schäden im Verlauf einer Infektion und bei schwerer Herzerkrankung, starkes Herzklopfen und unregelmäßige Schläge.

Naja tripudans: Wirkt besonders auf das Herz, bei unregelmäßigem und langsamen Puls, drohender Herzlähmung und kaltem Körper, akute und chronische Endokarditis und Herzschaden nach Infektionskrankheit.
Pyrogenium: Bei septischen Zuständen mit starker Unruhe, Herzklopfen und schnellem Puls, der in keinem Verhältnis zur Temperatur steht, Schmerzen in allen Knochen, Schwäche am Morgen.
Spigelia: Wichtiges Mittel bei Perikarditis, wenn sehr große Berührungsempfindlichkeit und Kälte des Körpers auffallen, viel Herzklopfen, schwacher und unregelmäßiger Puls und Atemnot, das Tier liegt auf der rechten Seite mit erhöhtem Kopf. Spigelia ist das „chronische Arnica".
Spongia: Herzbeschwerden und Symptome der Atemwege, große Erschöpfung nach kleiner Anstrengung, Atemnot und Ängstlichkeit, das Tier kann sich nicht hinlegen, plötzliches Erwachen mit Angst und Erstickungsgefühl.

Herzinnenhautentzündung, Endokarditis

Diese Erkrankung tritt besonders bei älteren Rindern als Folgeerkrankung auf, wenn Keime aus anderen Entzündungsgebieten im Organismus in das Herz geschwemmt werden. Eine Behandlung ist nur in sehr frühzeitig erkannten Fällen sinnvoll.

Eitrige Entzündungen im Tier, wie beispielsweise eine Gebärmutterentzündung, Euterentzündung, Klauenentzündung, Leberabszesse, können ebenso die Ursache einer Endokarditis darstellen wie auch Fremdkörper. Vom Endokard aus kann die Infektion über die Blutbahn weiter geschwemmt werden.

Im Vordergrund steht die ursächliche Grunderkrankung, die möglicherweise unerkannt sein kann, dazu kommen wiederkehrende Fieberschübe, die Tiere werden matt und gehen in ihrer Leistung zurück. Es folgen Herzsymptome und Ödeme, Gelenkentzündungen, Festliegen. Die Tiere können plötzlich sterben oder in eine chronische Erkrankungsform wechseln.

Homöopathische Behandlung

Belladonna: Heftige und plötzliche Erkrankung, das Tier ist empfindlich und will der Behandlung entfliehen, Herzklopfen und rascher, aber schwacher Puls.
Cactus grandiflora: Bei Endokarditis mit Fehlfunktion der Herzklappen, heftiges und schnelles Schlagen des Herzens, Atemnot und Blähungen, Ödeme an den Extremitäten, wirkt am besten am Anfang der Erkrankung.
Convallaria: Ein Herzmittel zur Verstärkung und Regulierung der Herzarbeit, bei beginnender Herzerweiterung, Atemnot und Ödemen, Hautwassersucht, extrem schneller und unregelmäßiger Puls.
Digitalis: Bei allen Herzerkrankungen mit schwachem und unregelmäßigem Puls, der sehr langsam ist und Wassersucht durch eine Schwäche und Dilatation des Herzmuskels, große Schwäche und Kälte der Haut, unregelmäßige Atmung, gleichzeitig Lebererkrankung, Gelbsucht und Gefahr eines Kollaps.
Lachesis: Beeinflusst mögliche toxische Schäden im Verlauf einer Infektion und bei schwerer Herzerkrankung, starkes Herzklopfen und unregelmäßige Schläge.
Naja tripudians: Wirkt besonders auf das Herz, bei unregelmäßigem und langsamem Puls, drohender Herzlähmung und kaltem Körper, akute und chronische Endokarditis und Herzschaden nach Infektionskrankheit.

Kreislaufschwäche, Kollaps, Schock

Hier kommt es zu einer Störung der Blutversorgung durch Abfall des Blutdruckes oder durch ein zu geringes Blutvolumen. Oft steht die Kreislaufschwäche mit einer Herzschwäche in Zusammenhang oder mit anderen Erkrankungen des Tieres.

Die Ursachen einer Kreislaufschwäche können im Nervenzentrum oder Gehirn liegen, wodurch das Blut in der Peripherie versackt und der Kreislauf zentralisiert wird. Es werden nur noch die lebenswichtigen Organe versorgt. Die Ursache kann auch in den Gefäßen und in der Muskulatur der Gefäße liegen. Es kommt zu Verlangsamung des Blutstroms und damit zu einem Austritt des Plasmas in das Gewebe. Oft liegen hier plötzliche Veränderungen des Drucks in den Körperhöhlen zugrunde, wie bei Blähsucht, bei dem Ablassen von Gasen, von Flüssigkeit aus dem Labmagen bzw. der Bauchhöhle oder bei großen Entzündungen. Bei schweren Blutungen oder Flüssigkeitsverlusten kann es als weitere Ursache zu einem Volumen-Mangel-Schock kommen.

Auffallend ist die schnelle Verschlechterung des Allgemeinzustandes des Tieres, es liegt fest und stützt den Kopf auf, kann nicht mehr aufstehen. Die Haut fühlt sich kalt an, die Schleimhaut wird trocken, ist schmutzig bis graurot gefärbt und verwaschen. Die Atmung wird angestrengt und die Verdauung kommt zum Erliegen. Der Tod tritt nach dem Koma oder Krämpfen ein.

Homöopathische Behandlung

Arnica: Bei Schock durch Unfall, Verletzung oder Überanstrengung, mit starken Schmerzen und Angst vor Berührung, auch bei Bewusstlosigkeit und Gleichgültigkeit.
Aconitum: Bei Schock mit Furcht, Unruhe und Erregung.
Bellis perennis: Bei Schock nach chirurgischem Eingriff und Nervenverletzung, Verletzung tieferer Gewebe, auch der Beckenorgane.
Camphora: Bei plötzlichem Versagen der Lebenskraft und Kollaps, kleiner und schwacher Puls, Unterkühlung, bis zur Normalisierung der Atmung geben (in die Nase oder auf die Zunge tropfen).
Carbo vegetabilis: Bei Kollaps und drohendem Koma, kalte Haut und Blaufärbung der Haut, jedoch heißer Kopf, kalter Atem, schwacher Puls und große Schwäche.
Digitalis: Bei allen Herzerkrankungen mit schwachem und unregelmäßigem Puls, der sehr langsam ist und Wassersucht durch Schwäche und Dilatation des Herzmuskels, große Schwäche und Kälte der Haut, unregelmäßige Atmung, gleichzeitig Lebererkrankung und Gefahr eines Kreislaufzusammenbruchs.
Opium: Nach Operation mit Vollnarkose oder lang dauernder Geburt, das Tier erscheint sehr träge und schläfrig, schmerzlos und ohne Bewusstsein.
Veratrum album: Nach chirurgischem Eingriff und Kollaps mit kaltem Schweiß, Kälte und Blässe, Benommenheit, Koma oder Krämpfe, extreme Trockenheit der Schleimhäute, schnelle und kaum hörbare Atmung, aussetzende Herztätigkeit.

Erkrankung des Nervensystems

Das Nervensystem ist allen anderen Organsystemen übergeordnet, überwacht und reguliert die Funktion der Organe. Mit den Sinnesorganen und dem Nervensystem kann sich das Tier in seiner Umwelt orientieren. Man unterteilt das Nervensystem in das Zentralnervensystem mit dem Gehirn und dem Rückenmark und dem vegetativen Nervensystem für die unbewussten Organfunktionen sowie die peripheren Nerven.

Gehirnentzündung, Enzephalitis, Gehirnhautentzündung, Meningitis

Eine Entzündung der Hirn- und Rückenmarkshäute kommt meist in Verbindung mit einer Erkrankung des Gehirns und Rückenmarks vor.

Infektionen außerhalb des Gehirns, beispielsweise bei einer Nasennebenhöhlenentzündung oder Entzündungen im Brustraum, können auf das Gehirn oder Rückenmark übergreifen oder auf dem Blutweg im Körper verbreitet werden. Auch ist es möglich, dass diese Erreger von einer Nabel- oder Darmentzündung beim Jungtier oder von einer Euter- oder Gebärmutterentzündung, einer Fremdkörpererkrankung oder Klauenentzündung verschleppt werden und sich im Nervensystem festsetzen.

Anfangs bleibt die Erkrankung unerkannt und ein intermittierendes Fieber wird häufig übersehen. Die Tiere fallen später durch Abgeschlagenheit und verändertem Verhalten auf. Je nachdem, wo die Entzündung im Nervensystem sitzt und wie schnell sie um sich greift, verändern sich die Symptome. Allgemein haben die Tier aber Fieber, der Allgemeinzustand wird immer schlechter und sie zeigen weitere zentralnervöse Veränderungen (Bewegungsstörung, Niederstürzen, Kreisbewegung, Lähmungen, Tobsucht) und fallen später ins Koma.

Homöopathische Behandlung

Aconitum: Plötzliche, heftige und akute Entzündung mit Fieber, Schwindel und Kopfschütteln, das Tier ist sehr geräuschempfindlich, ängstlich und unruhig.
Agaricus: Auffallend sind Rucken, Zucken und Zittern, der Kopf ist immer in Bewegung, Schwindel, unsicherer Gang der Tiere, die gleichgültig und furchtlos sind.
Apis: Schmerzen im Kopf, das Tier erscheint apathisch und matt, bohrt den Kopf in den Boden.
Belladonna: Wirkt besonders auf das Nervensystem, Erkrankung verbunden mit Erregung und allgemeiner Überempfindlichkeit, Schwindel, das Tier fällt nach links oder nach hinten, bohrt Kopf vor Schmerzen in den Boden, der Kopf ist nach hinten gebogen und rollt von einer Seite zur anderen, ständiges Stöhnen.
Bryonia: Schwindel beim Kopfheben und Mattigkeit beim Aufstehen, Schmerzen sehr stark, das Tier ist matt und schwach und hat großen Durst.
Cicuta virosa: Wirkt auf das Nervensystem, besonders bei Tieren, die den Kopf nach hinten oder zur Seite biegen, kontrahierte Halsmuskeln sowie heftiges und unnatürliches Verhalten, starrer Blick und Schüttelkrampf.
Cuprum metallicum: Krämpfe und Meningitis (Entzündung deer Hirn- und Rückenmarkshäute), Schwindel, der Kopf fällt nach vorne, die Augen sind starr, eingefallen und nach oben gedreht, krampfhaftes Zusammenbeißen des Kiefers.
Glonoinum: sehr ausgeprägte Nervenstörungen und Meninigitis mit Mattigkeit und Reizbarkeit, Schüttelkrämpfe und Schwindel, schwerer Kopf, der nicht abgelegt werden will.
Helleborus: Alle Empfindungen sind herabgesetzt, bis hin zur Lähmung, muskuläre Schwäche, geringe Lebenskraft und schwere, schmerzhafte Erkrankung, rollt mit dem Kopf und bohrt ihn in den Boden.
Hyoscyamus: Besonders auffallend sind die Krämpfe und die Lähmung, zusammengebissene Kiefer und Atemnot, Schüttelkrampf und Kollaps durch Lungenproblem.
Opium: Unempfindlichkeit des Nervensystems, herabgesetzte Körperfunktionen und Benommenheit, Bewusstseinsverlust, keine Schmerzen.
Stramonium: Wirkt besonders auf das Gehirn, keine Schmerzen und Unbeweglichkeit der Muskeln, seltsame Bewegungen und Schwanken nach vorne und nach links.
Zincum metallicum: Herabgesetzte Gehirnfunktion und allgemeine Erschöpfung, geringe Lebenskraft, Rückenmarksleiden, Zuckungen und Schüttelkrämpfe, Zittern und unruhige Beine, das Tier ist geräuschempfindlich und benommen.

Gehirn- oder Rückenmarksverletzung

Die Gehirnerschütterung gehört zu den nichtentzündlichen Erkrankungen am Nervensystem, hervorgerufen durch eine äußere Einwirkung wie Schlag oder Sturz. Es kann auch zu einer Gehirnquetschung kommen.

Häufig kommt es zu einer Prellung und Quetschung des Rückenmarks, wie bei der Gehirnerschütterung durch Verletzung, durch gegenseitiges Bespringen, beim Deckakt oder bei Unfällen beim Transport oder Umstallen. Schäden am Becken und am Kreuzbein treten beim Auszug des Kalbes bei der Geburt mit einem mechanischen Geburtshelfer auf, auch beim Ausrutschen oder bei Aufstehversuchen nach Festliegen.

Es kommt entweder sofort zu sichtbaren Störungen in der Bewegung, zu Lähmungen oder zum Festliegen oder man erkennt zunächst keine Schäden. Dann entwickeln sich später die Symptome durch Blutungen, mögliche Knochensplitter oder die Bildung von Ödemen. Sie entstehen in Abhängigkeit von dem Ort und der Schwere der Verletzung.

Das **„Hammelschwanz-Syndrom"** stellt beispielsweise einer Verletzung des Rückenmarksbereichs in Schwanznähe dar. Schwere Verletzungen der Nerven können aber auch zu einer vollständigen Lähmung und Festliegen führen.

Homöopathische Behandlung

Arnica: Als erstes Mittel möglichst schnell nach der Verletzung geben, bei Nervenschmerz durch eine Störung des Nervus vagus, des großen Hirnnerves, der für die inneren Organe zuständig ist, das Tier möchte nicht berührt werden, ist möglicherweise auch bewusstlos, nervös, überempfindlich, auch nach Schock und Trauma.
Bellis perennis: Als allgemeines Heilmittel auch bei Nervenverletzungen mit großen Schmerzen.
Calendula: Neben seiner bekannten Heilwirkung bei Kopfschmerzen und bei Nervenverletzungen einzusetzen.
Cicuta virosa: Der Kopf wird zur Seite gedreht oder gebogen, Schwindel und heftiges Verhalten oder Schüttelkrampf nach Gehirnerschütterung.
Hypericum: Wichtiges Mittel bei Nervenverletzung mit übermäßigen Schmerzen, bei Krämpfen nach Verletzung und Nervenentzündung.
Opium: Unempfindlichkeit des Nervensystems, herabgesetzte Körperfunktionen und Benommenheit, Bewusstseinsverlust, keine Schmerzen.

Entzündung des Rückenmarks, Myelitis

Diese Entzündung kommt selten ohne eine andere Erkrankung vor, meist findet man gleichzeitig eine Entzündung der Rückenmarkshäute. Eine Entzündung des Rückenmarks kann durch eine unsaubere Injektion oder Punktion hervorgerufen werden oder durch eine aufsteigende **Schwanzspitzen-Entzündung** oder -**Nekrose**.

In kleine Verletzungen im Schwanzbereich dringen Keime ein und vermehren sich dort. Die Entzündung führt zu Juckreiz, vermehrtem Schwanzschlagen und weiteren Verletzungen. Die Schwanzspitzenentzündung tritt besonders in der Bullenmast auf und kommt meist durch das Zusammentreffen verschiedener Faktoren (zu frühes Umstallen, Überlastung, Fütterungsfehler, Toxin-Einwirkung bei Stoffwechselproblemen, Außenparasiten) zustande. Die Erkrankung breitet sich rasch unter den Tieren aus.

Erst fällt nur eine wenig behaarte oder haarlose Schwanzspitze auf. Später sieht man Schuppen oder Krusten und Blut und es entwickelt sich eine eitrige Entzündung, die sich ausbreitet und bis ins Rückenmark gelangen kann. Die eitrige Myelitis äußert sich in einer Lähmung des Schwanzes, Lähmung der Hinterhand und später im Festliegen.

Homöpathische Behandlung

Aconitum: Plötzliche, heftige und akute Entzündung mit Fieber, Schwindel und Kopfschütteln, das Tier ist sehr geräuschempfindlich, ängstlich und unruhig.

Belladonna: Wirkt besonders auf das Nervensystem, Erkrankung verbunden mit Erregung und allgemeiner Überempfindlichkeit, Schwindel, das Tier fällt nach links oder nach hinten, bohrt Kopf vor Schmerzen in den Boden, der Kopf ist nach hinten gebogen und rollt von einer Seite zur anderen, ständiges Stöhnen.
Bellis perennis: Als allgemeines Heilmittel auch bei Nervenverletzungen und Entzündungen mit großen Schmerzen.
Calendula: Neben seiner bekannten Heilwirkung bei Verletzungen auch bei Kopfschmerzen und bei Nervenverletzungen einzusetzen.
Causticum: Starke Schmerzen und Verlust der Muskelkraft, Schwäche bis zur Lähmung fortschreitend und Abmagerung, Taubheit der Gliedmaßen und schwierige Fortbewegung.
Conium: Kennzeichnend ist die aufsteigende Lähmung, erschwerte Fortbewegung, Zittern mit Schwäche und Schwindel.
Cuprum metallicum: Krämpfe, Schwindel und Meningitis, der Kopf fällt nach vorne, die Augen sind starr, eingefallen und nach oben gedreht, krampfhaftes Zusammenbeißen des Kiefers.
Hepar sulfuris: Unterstützt die Ausheilung der Entzündung und Vereiterung der Verletzung.
Hyoscyamus: Besonders auffallend sind die Krämpfe und die Lähmung, zusammengebissene Kiefer und Atemnot, Schüttelkrampf und Kollaps durch Lungenproblem.
Hypericum: Wichtiges Mittel bei Nervenverletzung mit übermäßigen Schmerzen, bei Krämpfen nach Verletzung und Nervenentzündung.
Plumbum aceticum: Bei schmerzhaften Krämpfen in den gelähmten Körperteilen.
Stramonium: Wirkt besonders auf das Gehirn, keine Schmerzen und Unbeweglichkeit der Muskeln, seltsame Bewegungen und Schwanken nach vorne und nach links.

Listeriose

Diese bakterielle Infektionskrankheit fällt durch die zentralnervösen Symptome auf. Es kommt auch zu Aborten, Tot- und Frühgeburten. Einzelne und mild verlaufende Formen können frühzeitig erkannt auch behandelt werden, ansonsten ist die Prognose nicht günstig.
Der Erreger ist ein sehr widerstandsfähiges Bakterium und weit verbreiteter Bodenkeim, der über den Futterweg, besonders über nicht optimal durchgesäuerte Silage, das Tier infiziert, vor allem wenn zusätzlich eine Abwehrschwäche vorliegt.

Der Keim wandert mit dem Blut oder der Lymphe zur Gebärmutter, zum Euter oder über die Nerven zum Gehirn. Die Krankheitssymptome können in vier Gruppen unterteilt werden. Die häufigste Form ist die **meningoenzephalitische Form** mit zunehmender Mattigkeit, Festliegen mit dem Kopf auf der Seitenbrust, die Tiere fressen und trinken nicht mehr, fallen ins Koma und sterben. Bei der **Genitalform** kommt es zu Abort, Früh- oder Totgeburt, die lebend geborenen Kälber sind schwach und die Muttertiere haben oft Nachgeburtsverhalten. Die **Euterform** kommt nach Aborten vor, die Euter sind hart und knotig, in der Milch fallen Flocken auf. Manchmal ist diese Form auch symptomlos, die Milch enthält jedoch Listerien. Frisch geborene und bereits im Muttertier infizierte Kälber können eine **septikämische Form** mit hohem Fieber, Durchfall und Entkräftung bis zum Tod entwickeln.

Homöopathische Behandlung

Causticum: Starke Schmerzen und Verlust der Muskelkraft, Schwäche bis zur Lähmung fortschreitend und Abmagerung, Taubheit der Gliedmaßen.
Chelidonium: Schwindel und röchelnde Atmung, Lähmung der rechten Körperseite und verändertes Hörvermögen.
Cicuta virosa: Der Kopf wird zur Seite

gedreht oder gebogen, Schwindel und heftiges Verhalten, Schüttelkrampf der gesamten Muskulatur nach Gehirnerschütterung, Berührung verstärkt die Symptome, Verkrampfung des Kiefers und Zähneknirschen.
Conium: Kennzeichnend ist aufsteigende Lähmung, erschwerte Fortbewegung mit Zittern, Schwäche und Schwindel.
Heloderma: Benommen machende Lähmung ohne Krämpfe, auffallend ist das Hervortreten des Auges, schwieriges Schlucken und viel Durst, taumelnder und veränderter Gang mit Zittern.
Strychninum: Steifer Hals und Rücken mit Krämpfen, heftige Zuckungen an der Wirbelsäule, Zucken, Zittern und krampfartige Schmerzen, die Tiere sind ruhelos und reizbar, haben Verdauungsprobleme und Koliken.

TIPP

Eine Kombination von passender Einzelmittel mit einer **Listeriose-Nosode** (in Hochpotenz) kann hilfreich sein.

Erkrankung des Verdauungssystems

Das Verdauungssystem beginnt in der Mundhöhle und reicht über die Speiseröhre zum Magen und dann zum Darm. Rinder haben einen mehrhöhligen Magen, der aus den drei Vormägen Pansen, Haube und Blättermagen und dem Drüsenmagen, dem Labmagen, besteht. Die Vormägen besitzen keine Drüsen und dienen der Zerkleinerung, Durchmischung und Vergärung der Nahrung durch Bakterien und Protozoen. Beim Rind fasst der Magen etwa 200 Liter, davon entfallen etwa 80 % auf den Pansen. Kennzeichnend ist der Prozess des Wiederkäuens, der die Futterbissen vom Pansen wieder ins Maul befördert, da das Futter beim Fressen zuerst nur grob zerkleinert und abgeschluckt wird.

Entzündung der Maulschleimhaut, Stomatitis

Eine Stomatitis kann als selbstständige Erkrankung oder infolge einer Allgemeinerkrankung auftreten. Sie betrifft die Zunge, das Zahnfleisch oder andere Bereiche des Mauls. Die Zunge kann besonders durch Fremdkörper oder Verletzungen, aber auch im Rahmen einer bakteriellen Infektion erkranken. Diese führt dann zur Holzzunge, zur **Zungenaktinomykose**.
Die Auslöser sind vielfältig und reichen von Vergiftungen und Verätzungen über Verletzungen und Verbrennungen. Möglich sind auch Mangelkrankheiten oder Erreger wie Viren, Bakterien oder Pilze.

Das Erscheinungsbild dieser Entzündung variiert je nach Art und Umfang der Erkrankung. Auffallend ist zuerst die gestörte Futteraufnahme der erkrankten Tiere, eine gesteigerte Speichelproduktion und Schmatzen, schlechter Geruch aus dem Maul, Fieber und später Abmagerung mit Austrocknung sowie Verdauungsstörungen. Bei der **Aktinobazillose** vergrößert sich die Zunge und ragt aus dem Maul, sie wirkt fest, hart und schmerzhaft.

Homöopathische Behandlung

Acidum hydrofluoricum: Bei chronischen Erkrankungen, Fisteln und Geschwüren mit salzigen, hartnäckigen Absonderungen.
Acidum nitricum: Unregelmäßige Blasen und Geschwüre, die leicht bluten, Speichelfluss und Zahnfleischbluten, Geruch aus dem Maul.
Apis: Bei hellroter Schleimhaut und Bläschen, Zunge ist rot, wund und geschwollen.
Belladonna: Bei katarrhalischer Stomatitis mit Rötung, Schwellung und großem Durst, Zahnfleischabszess und geschwollene Zunge, Erdbeerzunge.
Borax: Aphten und leicht blutenden Geschwüren, viel Speichel und schimmliger Geruch aus dem Maul.

Calcium fluoratum: Bei Zahnfleischabszess mit harter Schwellung am Kiefer, auch Risse und Verhärtung an der Zunge, auffallende Lockerung der Zähne.
Cantharis: Mit größeren Blasen, die Zunge ist belegt und mit roten Rändern, Schwierigkeiten beim Schlucken.
Hepar sulfuris: Bei weiter fortgeschrittener Aktinomykose mit eitriger Einschmelzung, Speichelfluss, schmerzhaftes und leicht blutendes Zahnfleisch.
Kalium bichromicum: Der Speichel ist trocken und zäh, die Zunge rot und glänzend, dick belegt, tiefe und glattrandige Geschwüre mit gelbem Grund.
Kalium chloratum: Viel saurer Speichel, die Schleimhaut erscheint rot und geschwollen und es finden sich viele Geschwüre mit grauem Grund, auch die Zunge ist geschwollen, Mundgeruch.
Kreosotum: Tiefe und stinkende Geschwüre mit unregelmäßigen Rändern, viel Speichel und fauliger Geruch, das Zahnfleisch blutet sehr schnell, allgemeine Zahnprobleme.
Mercurius cyanantus: Bei akuten Entzündungen und Infektionen mit Erschöpfung, viele Geschwüre mit grauweißen Belägen, vermehrter Speichelfluss, stinkender Atem.
Mercurius solubilis: Vermehrter und klebriger, auch blutiger Speichel, schwammiges Zahnfleisch, Zahneindrücke auf der Zunge, Geruch aus dem Maul, lockere und faulige Zähne.
Rhus toxicodendron: Bei dunkelroter und schmerzhafter Schleimhaut und vielen kleinen Bläschen, rote und rissige, belegte Zunge.
Silicea: Bei Eiterung und Abszesse am Zahnfleisch, die nicht heilen, zur Ausheilung geben.

Schlundverstopfung

Diese Erkrankung kommt beim Rind in Abhängigkeit von Fütterung und Haltung recht häufig vor. Die Verstopfung kann teilweise oder vollständig sein.

Durch die Verfütterung von Futter wie Rüben, Kartoffeln oder Äpfeln, deren unzureichende Zerkleinerung beim Kauen oder durch anatomische Engstellen im Bereich des Schlundes, dem Brusteingang und des Zwerchfells kommt es zur Verlegung der Speiseröhre. Krämpfe oder Strikturen verursachen möglicherweise auch eine Schlundverstopfung.

Ist die Speiseröhre nur teilweise verlegt, fallen die Tiere oft nicht auf. Sie haben weniger Appetit, weisen eine gestreckte Haltung des Kopfes auf und speicheln mehr. Bei einer vollständigen Schlundverstopfung kann das Tier weder fressen noch trinken, es würgt und streckt die Zunge vor, stöhnt und brüllt. Da die Pansengase nicht mehr entweichen können, entwickelt sich eine **Pansen-Tympanie**, die zur Atemnot, zu Kreislaufproblemen und zum Tod führen kann.

Homöopathische Behandlung

Asa foetida mit **Nux vomica (D12):** Wenn keine Tympanie vorliegt. Eine Überwachung des Tieres ist wichtig!
Opium: Bei fehlendem Schluckreflex und Erstickungsgefahr.

Fremdkörpererkrankung

Das Rind nimmt aufgrund seines Fress- sowie Kauverhaltens und seiner Maulschleimhaut meist nicht die im Futter verborgenen Fremdkörper wahr. Diese kommen in den Pansen und Netzmagen und können bei deren Kontraktionen in die Haubenwand eindringen, möglicherweise gelangen sie auch in die Bauch- oder Brusthöhle. Es kann durch die bakterielle Infektion zu einer Bauchfellentzündung kommen oder zur Erkrankung anderer Organe, wie Lunge, Leber, Milz oder Herzbeutel.

Bei einem bis dahin vollkommen gesundem Tier fallen einem eine aufgekrümmte Haltung auf. Die Tiere stöhnen und knirschen mit den Zähnen, zeigen Koliksymptome und die Motorik des Pansen kommt zum Erliegen.

Homöopathische Behandlung

Bryonia: Besonders bei dem typischen Verlauf mit einer subakuten Peritonitis, auffallend ist der runde und aufgezogene Rücken, Verstopfung und trockener Kot, viel Durst und Schmerzen bei jeder Bewegung.
Cantharis: Ähnlich wie Bryonia, aber eher ein akuter oder perakuter Verlauf, der Rücken ist hoch gekrümmt, wenig Harn und Kot, der dann mit Schleim überzogen ist und schwer abgesetzt werden kann, Unruhe und viel Durst, Pansenblähung.
Hepar sulfuris: Bei frühzeitigem Entdecken der Erkrankung in einer höheren Potenz zur Vermeidung der Abszessbildung einzusetzen.
Kalium chloratum: Bei subakuten Fällen mit nicht so starken Schmerzen in der Bewegung.
Ledum: Bei möglicher Verletzung im Inneren durch den Fremdkörper.
Opium: Auffallend ist der Zusammenbruch der Verdauung durch den Fremdkörper und Darmatonie, der Bauch ist hart und gebläht, kaum Kotabsatz.

TIPP
Bewährt ist die Kombination von Einzelmitteln: **Lachesis** mit **Bryonia** und **Echinacea**.

Pansenazidose, Pansensäuerung

Die Problematik bei der Azidose liegt in der **Übersäuerung des Pansens** und der daraus folgenden Veränderungen der **Bakterienbesiedlung**. Die Ursache der Erkrankung liegt in der unzureichenden Vorbereitung des Pansens während der Zeit des Trockenstehens auf die Umstellung der Futterration nach dem Abkalben, die den erhöhten Ansprüchen der Milchkuh entsprechen soll. Da der Zucker die direkteste Energiequelle darstellt, Stärke etwas weniger schnell abgebaut wird und die Zellulose den langsamsten Energielieferanten darstellt, wird der Anteil an Zucker und Stärke in der Ration zur Hochlaktation erhöht. Dementsprechend sinkt der Rohfaser- und Zellulose-Anteil ab und dadurch auch die Kautätigkeit. Es wird weniger Speichel produziert, der den Panseninhalt abpuffert und der pH-Wert sinkt unter den optimalen Wert von 6–7 ab.

Wir unterscheiden drei Formen der Pansenazidose:
Akute Form der Milchsäure-Azidose: Durch die Aufnahme von Futter mit hohem Anteil an leichtverdaulichen Kohlehydraten (Zuckerrübenschnitzel, Melasse, Mais, Getreideschrot und Ähnliches) wird die Pansenflora gestört. Es entwickeln sich besonders die milchsäurebildenden Bakterien, die Laktobazillen und der pH-Wert sinkt auf 5,5–4.

Die Erkrankung kann von leichten Fällen mit geringerem Appetit, Milchrückgang und geringerer Pansentätigkeit bis zu mittleren Schweregraden mit Kolik, Versiegen der Milch, Vergiftungserscheinungen, Schwanken und Lahmheit bis zu den schwersten Erscheinungen mit Koma und Festliegen und Tod gehen.
Chronisch-latente Pansen-Azidose: Durch eine längerfristige Verringerung des rohfaserreichen Futters mit gleichzeitiger Erhöhung der Kraftfuttermenge und damit der Kohlenhydrate, kommt es zu einer Verschiebung in der Zusammensetzung der Pansenflora, zu einer geringeren Wiederkauzeit und weniger produziertem Speichel. Die Säurebildung erhöht sich und der pH-Wert liegt für längere Zeit unter 5,5.

Die Krankheitszeichen sind bei der chronischen Form meist nach einiger Zeit zu erkennen, denn erst kommt es zu einer subklinischen, später zu einer klinisch-manifesten Ketose. Der Milchfettgehalt sinkt ab

(„low milk fat syndrome“) und einem starken Fettansatz am Tier („fat cow syndrome“). Durch eine Veränderung des Gewebes kann es zum Eintritt von Keimen kommen, die später in der Leber zu Abszessen führen. Möglicherweise entsteht hieraus auch eine chronische „Klauenrehe“ oder CCN (Hirnrindennekrose) bei Mastrindern mit einer stärke- und zuckerreichen Futterration.

Latente Form, Salzsäure-Azidose: Bei einem pH-Wert unter 6 und keiner ersichtlichen Ursache in der Fütterung kann es sich um eine latente Form handeln. Es kommt es zum Rückfluss von salzsäurehaltigem Labmageninhalt und zu einem Absinken des pH-Wertes im Pansen. Das Reflux-Syndrom kann durch eine Labmagenerkrankung oder eine Behinderung der Passage in Höhe des Pylorus (Magenausgang) hervorgerufen werden. Auch möglich ist das „Erbrechen“ in den Pansen durch eine Verengung des Pylorus. Weitere Ursachen sind eine links- oder rechtsseitige Labmagenverlagerung, Geschwüre im Labmagen, Labmagen-Leukose oder eine Versandung des Labmagens wie auch Verwachsungen im Bereich von Labmagen und Haube.

Als Symptome treten ein schlechter Allgemeinzustand, geringerer Kotabsatz und erhöhter Puls auf. Die Infektionsabwehr ist geschwächt und es kommt vermehrt zu Erkrankungen, wie Mastitis, Endometritis, infektiösen Klauenerkrankungen, auch zu Klauenerkrankungen nach 2–3 Monaten, zu geringerer Futteraufnahme und damit zu Labmagenverlagerung oder Ketose.

Homöopathische Behandlung

TIPP

Konstitutionsmittel sind in diesem Krankheitskomplex sehr hilfreich, da die Symptome der verschiedenen Erkrankungen oft unklar und allgemein sind. Mit den Konstitutionsmitteln kann ein breites Spektrum an Merkmalen abgedeckt werden, die dem Tier in seiner Gesamtheit entsprechen.

Hier kommen Mittel wie Lycopodium, Nux vomica, Phosphor, Pulsatilla oder Sepia in Betracht. Siehe im Allgemeinen Teil ab Seite 26.

Arsenicum album: Bei stinkendem Durchfall und Durst, das Tier ist sehr schwach, unruhig und kann festliegen, außerdem geschwollener und schmerzhafter Bauch.

Carbo vegetabilis: Vor allem nach guter Fütterung, aber auch nach Flüssigkeitsverlust und Vorerkrankung, bei Pansenatonie mit heftiger Aufgasung und nachfolgenden Atembeschwerden, kalte Extremitäten, übel riechende Gase, die aber beim Abgehen das Allgemeinbefinden verbessern, der Durchfall ist stinkend und dunkel, mit Gasblasen, allgemein Unverträglichkeit von Silage.

Carduus marianus: Wirkt auf die Leber und das Pfortader-System, bei Störungen im Glukose-Stoffwechsel und Fütterungsfehlern mit Schädigung der Leber, Toxin-Belastung, Schwäche und Blutungen, vergrößerte und gestaute Leber (Kuh liegt mehr links), auch mit Gelbsucht, Kot fest und dunkel.

Chelidonium: Wirkt auf die Leber, bei Gelbsucht und Leberstauung, -verfettung, -vergrößerung, eingeschränkte Magen- und Darmfunktion, Kot hell, gelb oder grün, eher weich, die Tiere haben abnormen Appetit und sind sehr müde.

China: Auffallende Schwäche, verursacht durch erschöpfende Absonderungen und Verlust von Körperflüssigkeiten, wie Milch oder Blut, eher bei chronischen Erkrankungen wirksam, Pansenatonie und Aufgasung, doch Regurtieren erleichtert nicht, reichlicher, geruchsloser Durchfall mit Futterbestandteilen, Tiere sind anämisch, frostig und haben tief liegende Augen, besonders bei Kühen mit hoher Milchleistung nach dem Kalben wirksam!

Flor de piedra: Alles ist verlangsamt und träge, kaum Pansenbewegung und geringe Futteraufnahme, Durchfall wechselt mit Verstopfung, bei Leberschäden durch Giftstoffe.

Ignatia: Die Tier ist überempfindlich und nervös, Blähungen und Krämpfe, gestreckte Haltung des Halses und Schluckbeschwerden, Verlangen nach Unverdaulichem, sehr widersprüchliche Symptome.

Lachesis: Für Kühe, die innerhalb der ersten Wochen nach dem Kalben erkranken, die Milch geht vor dem Auftreten erster Krankheitszeichen zurück, empfindliche Leber durch die Giftstoffe, chronische Leberstauung und druckempfindlicher Bauch mit Aufblähen.

Natrium sulfuricum: Bei träger Verdauung und Verdauungsstörung nach Getreideschrot oder jungem Gras, Blähungen nach dem Fressen, trockener Kot mit periodisch auftretenden Durchfällen, die reichlich, flüssig und laut mit Flatulenzen sind, Verschlechterung bei Regen und Feuchte.

Nux vomica: Hastiges Fressen großer Mengen und Blähungen, Kolik, Wiederkauen verändert, gespannte Bauchdecke und Spasmen durch fehlende Peristaltik, der Kot ist noch normal in Farbe und Beschaffenheit.

Opium: Herabgesetzte Funktion von Stoffwechsel und Verdauung, Blähsucht mit Kolik, Darmverschluss oder Darmerschlaffung, Kot knollig und hart.

Soja: Bei eiweiß- und kohlenhydratreicher Fütterung.

Veratrum album: Sehr berührungsempfindlicher Bauch und unregelmäßige Koliken, fast geruchloser und wässriger Durchfall, das Tier ist kalt und schwach.

TIPP

Kombination von Einzelmitteln: Flor de piedra mit Carduus marianus und Chelidonium sowie Nux vomica; Flor de piedra mit Chelidonium, Lycopodium, Nux vomica und Phosphorus.

Akutes Aufblähen, Tympanie

Hier kommt es zu einer schnellen, übermäßigen Ausdehnung von Pansen und Haube, in denen sich Gärgase ansammeln. Diese Gase können sich in einer Blase oberhalb des Futterbreis ansammeln, wenn der Ruktus behindert ist, was bei einer Überladung der Vormägen, Fremdkörper oder Verletzungen möglich ist. Eine Tympanie kann auch als schaumige Durchmischung im Panseninhalt auftreten. Die Ursache liegt oft in rohfaserarmen und leicht vergärbaren Futtermitteln, in einem hohen Eiweißgehalt, Überhitzung oder Anwelken des Futters bzw. der Aufnahme von zu viel Tränkwasser nach dem Fressen.

WICHTIG!

Eine perakute Tympanie ist **lebensgefährlich**. Es sollte sofort tierärztliche Hilfe angefordert werden.

Die Tier blähen in kurzer Zeit stark auf, die Atmung ist angestrengt, dann kommen Pansenmotorik und das Wiederkauen zum Erliegen und der Zustand der erkrankten Tiere verschlechtert sich zusehends. Wenn keine Behandlung erfolgt, kommt es zu Herz- und Kreislaufproblemen, Kollaps und Tod. Bei einer schaumigen Durchmischung schwillt besonders die linke Pansenseite stark an, die Pansenmotorik ist erst erhöht und wird dann schwächer. Es kommt zu Kolik und Unruhe mit Trippeln. Später verschlechtert sich der Allgemeinzustand der Tiere bis hin zum Tod. Diese Tympanie kann immer wiederkehren, wobei die Symptome nicht so stark sind und das Allgemeinbefinden weniger gestört ist.

Homöopathische Behandlung

Asa foetida: Faulig riechende Blähungen, Regurtieren laut und stinkend und mit schmerzhaften Krämpfen, auch begleitender Durchfall möglich, der stinkt und wässrig ist, die Tiere sind extrem empfindlich, nervös und vertragen keine Berührung.
Brassica: Bei akuten Herbstblähungen oder chronisch rezidivierenden Fällen.
Carbo vegetabilis: Nach guter Fütterung, nach Flüssigkeitsverlust oder Vorerkrankung, bei Pansenatonie mit heftiger Aufgasung und mit nachfolgenden Atembeschwerden, übel riechende Gase, die beim Abgehen das Allgemeinbefinden verbessern, der Durchfall ist stinkend und dunkel und mit Gasblasen durchsetzt, kalte Extremitäten.
China: Auffallende Schwäche verursacht durch erschöpfende Absonderungen und Körperflüssigkeiten, wie Milch oder Blut, eher bei chronischen Erkrankungen wirksam, Pansenatonie und Aufgasung, doch Regurtieren erleichtert nicht, reichlicher Durchfall mit Futterbestandteilen und geruchslos, Tiere sind anämisch, frostig und haben tief liegende Augen.
Colchicum: Im akuten Fall sehr hilfreich, bei einer hochakuten Blähung nach viel frischem Gras oder Obst und Hemmung der Pansenmotorik, heftige Koliken und Durchfall, der nicht stinkt und schleimig ist, das Tier ist schwach und kalt, hat wenig Hunger und viel Durst.
Kalium carbonicum: Die Blähung entsteht durch Verstopfung aufgrund schwacher Darmmotorik und Trägheit der Verdauung, das Tier ist eher alt, schwach und schlaff, mag nicht berührt werden und neigt zu Ödemen.
Lycopodium: Hilfreich in chronischen Fällen und bei auffallender Verfressenheit, besonders nachts, nach dem Fressen ist der Bauch gebläht, empfindliche Leberregion, das Tier erscheint abgemagert und alt.
Nux vomica: In weniger akuten Fällen und bei Ursache in der Fütterung, Blähung mit Auftreibung und krampfartiger Kolik, empfindlicher Bauch, Heißhunger nach Erkrankung.
Plumbum aceticum: Blähung mit starker Kolik, Verstopfung, das Tier möchte sich strecken und hat Probleme mit dem Schlucken.

> TIPP
> Kombination von Einzelmitteln: **Nux vomica** mit **Plumbum aceticum** in tiefer Potenz, auch kombinierbar zusätzlich mit **Carbo vegetabilis**. Diese Mischung können Sie vorbeugend bei Fütterungsfehler oder einer Ration geben, die möglicherweise Blähungen hervorruft.

Labmagenverlagerung, Dislocatio abomasi (DA)

Die Labmagenverlagerung ist eine häufig auftretende Erkrankung in Hochleistungsbeständen und macht neben Euterentzündung und Klauenerkrankung die meisten Probleme. Die Verlagerung nach **links** betrifft besonders Kühe nach der zweiten Laktation und kommt häufiger als die Verlagerung nach rechts vor. Die Verlagerung nach **rechts** verläuft meist akut.

Durch eine vermehrte Füllung des Labmagens erweitert sich dieser und wird atonisch (entspannt). Nach der Kalbung tritt der Labmagen in den Raum zwischen Pansen und Haube, da sich jetzt die Platzverhältnisse geändert haben. Von dort wandert er bei einer linksseitigen Verlagerung weiter zwischen Pansen und linker Bauchwand. Bei einer rechtsseitigen Verlagerung kann sich der Labmagen zusätzlich noch verdrehen, was zu

Abschnürungen der Blutgefäße und Komplikationen führt. Die Gase vermehren sich durch eine ungünstige Ration und Fütterungstechnik. Weitere Faktoren für das Entstehen einer Labmagenverlagerung sind genetische Ursachen, Probleme im Fettstoffwechsel und das Fettleber-Syndrom, Endotoxine, Stress und andere Erkrankungen.

Am Anfang fällt bei einer **linksseitigen Verlagerung** der geringere Appetit auf, die Tiere kauen weniger wieder und zeigen eine herabgesetzte Pansenmotorik. Die Milchmenge geht zurück, der Kot verändert sich und ohne Behandlung verschlechtert sich der Allgemeinzustand und führt zum Tod. Eine geringgradige Verlagerung bedeutet, dass nur ein kleiner Pansenteil linksseitig liegt. Eine hochgradige Verlagerung lässt den Labmagen in der Hungergrube liegen, wo er möglicherweise gesehen und gefühlt werden kann. Bei einer **rechtsseitigen Verlagerung** sind die Symptome ähnlich, aber bei einer gleichzeitigen Verdrehung wird das Geschehen hochakut. Es kommt zu Kreislaufproblemen, Kolik und rasch zum Tod.

Homöopathische Behandlung

TIPP

Empfohlen wird die Kombination der Mittel **Carbo vegetabilis** und **China**, manchmal mit Flor de piedra zusammen und vorher eine Gabe Phosphor geben (die Potenzhöhe ist nicht so wichtig). Verabreichung als Dilution mit etwa 1 ml auf Mundschleimhaut und 1–2 Gaben im Abstand von 12 Stunden.

Carbo vegetabilis: Reaktionsmittel bei Baucherkrankungen mit Kälte und schnellem Puls, schlechte Sauerstoffversorgung und -umsetzung, große Schwäche bei geringer Anstrengung, das Tier ist träge, fett und faul, oft chronische Beschwerden.

China: Bei empfindlichem Magen und langsamer Verdauung, unverdauter Kot, Leber und Milz geschwollen, bei Schwäche nach erschöpfender Krankheit, nach Verlust von Körperflüssigkeiten oder bei hoher Milchüberproduktion.

Flor de piedra: Wirkt auf Leber, Gallenwege, Schilddrüse und Herz, auffallend sind Herzklopfen, Schweiße, Stoffwechselstörung, Salzverlangen, besonders bei Nachgeburtsverhalten, Endometritis mit gleichzeitiger Labmagenverlagerung, wenig oder keiner Pansenbewegung, eingefallenen Augen. Erkrankung besonders in der Zeit kurz nach Kalben!

Phosphorus: Besonders wirksam bei Kühen, die vergiftet erscheinen, also kalt, zittrig, mit eingefallenen Augen und kein Nachweis von Ketonkörpern, allgemein Neigung zu hoher körperlicher Stoffwechselleistung, auffallende Symptome sind Verlangen nach Salz, großer Hunger, Rülpsen, aufgetriebener Bauch und Leber-Probleme, auch mit Mastitis, Endometritis und allgemeiner Energiemangel, hat eine Verbindung mit Calcium-Stoffwechsel, denn Calcium wird durch Phosphor aktiviert.

Entzündliche Darmerkrankung, Darmentzündung, Enteritis

Hier handelt es sich um eine Entzündung der Darmschleimhaut mit dem Symptom des Durchfalls, der Diarrhö, die bei Kälbern zu großen Problemen führen kann. Beim erwachsenen Tier ist dies nicht so dramatisch– der Durchfall ist eine Begleiterscheinung anderer Erkrankungen, von Infektionen oder Endoparasiten.

Die Ursachen für die Entstehung einer Enteritis sind ebenso vielfältig wie ihre Erscheinungsformen und reichen von der Fütterung und Haltung bis zu der Grundkrankheit.

Meist ist der Durchfall das erste Symptom, damit ist eine erhöhte Darmbewegung verbunden. Die Tiere verlieren sehr viel Flüssigkeit und trocknen aus, der Hautturgor ist herabgesetzt, das Fell wird struppig und die Augen liegen tiefer als beim gesunden Tier. Am Hinterteil ist das Fell kotbeschmiert, die Tiere werden mager und matt,. Es kann zu Unterhautödemen am Unterkiefer und Triel kommen.

Homöopathische Behandlung

Aloe: Kotabsatz mit Blähungen und viel Druck, Durchfall ist schleimig oder gallertartig, blutig und stinkend. Besonders hilfreich, wenn das Tier schon vorbehandelt wurde.

Arsenicum album: Die Ursache liegt in einer Infektion, Vergiftung oder schlechtem Futter, bei sehr dunklem, stinkendem und wässrigen Durchfall, der oft und in kleinen Mengen abgesetzt wird, manchmal mit Blut, auffallend sind Analspasmen und Brennen um den After, wobei der Schwanz weit abgehalten wird, der Durst ist groß, die Tiere trinken in kleinen Schlucken.

Baptisia: Schwere Erkrankung mit raschem Verfall der Tiere, mit Fieber, Durchfall ist dunkel oder blutig, reichlich, sehr stinkend und er rinnt unkontrolliert aus dem After, schmerzhafter Bauch und Leberregion.

Cantharis: Kleine Mengen Kot mit blutigen Schleimhautfetzen, nicht stinkend, aber Entzündung des Analbereichs und Weghalten des Schwanzes auffallend, viel Durst und Unruhe.

Carbo vegetabilis: Baucherkrankungen mit Kälte und schnellem Puls, große Schwäche bei schon geringer Anstrengung, das Tier ist träge, fett und faul, oft chronische Beschwerden, schlechter Allgemeinzustand und Mattigkeit, bläuliche Schleimhäute und Kot wässrig blutig.

China : Bei einer akuten oder chronischen Form, der Kot ist reichlich, gelb bis grün oder auch mit Blut und unverdauten Anteilen, er stinkt und es bildet sich viel Gas in Pansen und Darm, die Tiere magern rasch ab, sind gereizt und erkranken besonders nach Futterumstellung und Rationsfehler.

Colchicum: Häufiger und schmerzhafter Kotabsatz mit Aufkrümmen des Rückens, der Kot ist mit Schleim behaftet und blutig, Gasbildung in Pansen und Darm sowie laute Darmgeräusche, schlechter Zustand des erkrankten Tieres, besonders bei Erkrankung im Herbst und bei feucht-kaltem Wetter.

Cuprum arsenicosum: Blutiger Durchfall mit großen Schmerzen, Kollern im Bauch, der Kot ist dunkel und flüssig.

Mercurius corrosivus: Kotabsatz mit heftigem Pressen, Blut an Oberfläche des Kotes, der schleimig und stinkend ist, schmerzhafter und geblähter Bauch.

Nux vomica: Typisches Rindermittel, besonders bei Stallhaltung und im Winterhalbjahr, bei Ursache der Erkrankung in Fütterungsfehlern, dunkler Kot, das Tier hat wenig Durst, ist reizbar und möchte nicht berührt werden.

Okoubaka: Bei Vergiftungserscheinungen durch die Fütterung oder nach Vorerkrankung.

Pyrogenium: Bei Infektion oder Vergiftung als Ursache der Entzündung, der Kot ist schwarz, stinkt nach Aas und enthält angedautes Blut, schlechter Allgemeinzustand und schleichendes Fieber. Wirkt besser am Anfang des Durchfalls.

Secale cornutum: Schwerer Durchfall, der sehr stinkt, sehr dünn und reichlich ist, unkontrolliert und auch oft im Liegen abgeht, auch Blähungen möglich.

Sulfur: Besonders bei Vorerkrankung und Vorbehandlung, bei Übergang der akuten in chronische Entzündung, Kot ist schwarz und teerartig, Durchfall besonders morgens.

Veratrum album: Schwerer und schmerzhafter Durchfall, dünn und reichlich, nicht stinkend, die Tiere sind sehr geschwächt und matt, schmerzhafter Bauch, oft Untertemperatur.

Erkrankung des Bauchfells

Das Bauchfell kleidet als seröse Haut die Bauchhöhle und einen Teil der Beckenhöhle aus und umgibt die inneren Organe. Von ihm ziehen Falten zu mehreren Organen des Eingeweidesystems, des Gekröses. Das Bauchfell sondert ein Sekret ab, das wie ein Schmiermittel die Reibung an seiner Oberfläche herabsetzt und damit die Bewegung der Organe gegeneinander erleichtert. Die normalerweise geringe Flüssigkeitsmenge kann sich bei einer Erkrankung vergrößern und man bezeichnet dies als Aszites. Bei einer zu geringen Flüssigkeitsproduktion kann es zu Schmerzen durch die erhöhte Reibung der Organe kommen und das Bauchfell kann verwachsen.

Bauchfellentzündung, Peritonitis

Das Bauchfell kann durch eine Infektion, durch Bakterien, durch eine Verletzung oder durch Metastasen erkranken. Selten ist die Entzündung steril, das heißt ohne Keime.

Die meisten bakteriellen Entzündungen gehen von Fremdkörpern aus, aber auch von Abszessen der Leber oder Milz, von Rupturen im Bereich des Labmagens, der Gebärmutter oder Harnblase, beim Kalb von einer Nabelinfektion oder fehlerhaften, unsauberen Injektionen.

Die Tiere krümmen wegen der Schmerzen den Rücken auf. Die Bauchdecke ist sehr gespannt, die Pansenmotorik ist herabgesetzt und man kann Koliksymptome feststellen, möglicherweise auch eine Pansentympanie, Durchfall und Fieber.

Homöopathische Behandlung

Apis: Bei Entzündung der Schleimhäute und der serösen Häute, sehr berührungsempfindlich und durstlos trotz des Fiebers.
Arsenicum album: Nicht am Anfang der Erkrankung geben, sondern bei schlechtem Zustand und bei Kräfteverfall, Schwäche und chronischem Zustand, das Tier ist abgemagert und scheint gealtert.
Belladonna: Bei plötzlicher Erkrankung, akuter und hoch fieberhafter Entzündung, mit Übergang zur Eiterung, starke Schmerzen im Bauchraum, extreme Empfindlichkeit gegen Berührung.
Bryonia: Wirkt besonders auf die serösen Häute und Eingeweide, starke Schmerzen, die sich in der Ruhe verbessern, trockene Schleimhäute, ödematöse Ergüsse in der Bauchhöhle.
Calcium fluoratum: Bei einer Fremdkörperperitonitis zur Verhinderung von Verwachsungen.
Echinacea: Allgemein zur Steigerung der Abwehrkräfte und gegen die Entzündung wirkend.
Hepar sulfuris: Als Mittel gegen die Eiterung und Entzündung, bei Abszessen in der Bauchhöhle, auch bei chronischen Erkrankungen des Bauchraums.
Lachesis: Bei septischer Entzündung und heftiger Infektionserkrankung mit Fieber, nach anfänglicher unproblematischer Krankheit verschlechtert sich der Gesundheitszustand des Tieres.
Mercurius solubilis: Kein Anfangsmittel, die Erkrankung kommt durch äußere Ursachen zustande, wie zum Beispiel Schäden der Darmschleimhaut, es kommt zu Fieber, das am Abend steigt, fauliger Geruch von Atem und Haut, die Tiere sind abgemagert und gereizt.
Pyrogenium: Bei Infektion mit schlechtem Allgemeinzustand, heftigen und auffallenden Symptomen, die nicht zueinander passen. Gut mit Lachesis zu kombinieren.

TIPP

Bei einer Fremdkörperperitonitis hilft eine Kombination von Einzelmitteln: **Bryonia** mit **Lachesis** und **Echinacea**

Silicea: Als wichtiges Entzündungsmittel auch bei abgekapseltem Fremdkörper, wirkt vor der Vereiterung oder in späterem Stadium als Hepar sulfuris, bei kraftlosen und chronisch kranken Tieren.
Staphisagria: Bei Verwachsungen des Bauchfells und schlechtem Allgemeinbefinden des Tieres.

Erkrankung der Leber

Die Leber ist neben dem Euter die größte Drüse des Rindes und ein wichtiges Organ mit einer sehr großen Regenerationsfähigkeit! Oft bleiben Erkrankungen der Leber unerkannt und heilen ohne spezielle Therapie wieder aus. Die Leber hat viele Aufgaben im Organismus, die über den Stoffwechsel, Speicherung und Verdauung reichen. Erkrankungen der Leber sind mit oder ohne Gelbsucht (Ikterus) möglich, sie können außerdem akut oder chronisch verlaufen. Die Behandlung erfolgt zuerst durch die Therapie der Grunderkrankung und der möglicherweise bestehenden Folgeerkrankung.

> **TIPP**
> Besonders die Leber der Hochleistungstiere steht unter einer Dauerbelastung und sollte im Rahmen der Behandlung von vielen Krankheiten mittherapiert werden.

Die Aufgaben der Leber sind: Sekretion der Galle, Beteiligung an der Regulation des Kohlenhydrat- und Fettstoffwechsels, Auf- und Abbau von Eiweißstoffen, die Bildung von Harnstoff und Harnsäure, die Speicherung von Vitaminen und Spurenelementen, Regulation des Hormonhaushaltes, Entgiftung, Blutspeicher und Regulation des Wasserhaushaltes. Die Galle dient der Ausscheidung von Schlackenstoffen und ist zur Verdauung nötig.

Leberabszess

Ein Abszess in der Leber stellt eine örtliche Entzündung mit Eiteransammlung dar und ist nicht mit einer Gelbsucht verbunden. Er entwickelt sich durch ein Übergreifen von Entzündungen der Pansenschleimhaut auf die Leber, durch spezifische Erreger, durch Fremdkörper, Abszesse der Leberlymphknoten oder Eiter in den Gallengängen, durch Leberegel oder beim Kalb durch eine Nabelinfektion.

Oft sind die Tiere nicht auffallend erkrankt, sondern weisen nur Abmagerung, geringeren Appetit, gespannte Bauchdecke und Schmerzen beim Abtasten auf. Später fallen sie durch ein struppiges Haarkleid auf, trocknen aus, werden anämisch und entwickeln sich nicht wie gesunde Tiere. Todesfälle sind möglich, wenn die Abszesse platzen und sich nach innen entleeren.

Homöopathische Behandlung

Arsenicum album: Tief wirkendes Mittel. Auffallende Unruhe, Erschöpfung und nächtlicher Verschlimmerung, die Leber ist vergrößert und schmerzhaft, der Bauch geschwollen und schmerzhaft, großer Durst, trinkt in kleinen Schlucken.
Berberis: Eher ein Nierenmittel, aber auch bei Lebererkrankungen und Gallensteinen, bei Gallenblasenkatarrh mit Verstopfung, Gelbsucht und Schmerzhaftigkeit.
Carduus marianus: Ein wichtiges Lebermittel, Erkrankung der Leber verbunden mit Grippe, Blutungen und Schwäche, bei Gallensteinen und vergrößerter Leber, Schmerzhaftigkeit.
Chelidonium: Wichtiges Lebermittel bei leichterer Funktionsstörung. Auffallend ist das Verlangen nach abwegigen Futtermitteln, Schmerzhaftigkeit, Kolik und Gelbsucht, bei Leber- und Gallenblasenverschluss, Gallen-

steine, Auftreibung und Gärung, vergrößerte Leber, die erkrankten Tiere liegen viel und besonders auf der rechten Seite, der Gesichtsausdruck ist ängstlich, misslaunig und schläfrig, das Mittel lindert die Schmerzen und beruhigt das erkrankte Tier.

Flor de piedra: Eines der am häufigsten gebrauchten Lebermittel bei akuten und chronischen Erkrankungen. Typisch ist die zuerst eintretende Besserung der klinischen Symptome, wie verminderter Appetit und Milchleistung, ebenso die allgemeine Verlangsamung in allen Funktionen und Bewegungen sowie Verlangen nach kaltem Wasser, wechselnde Kotkonsistenz. Verabreichung über längere Zeit und auch noch nach dem Einsetzen der ersten Besserung, in chronischen Fällen noch hilfreich zur Regulation und Regeneration der Leber.

Hepar sulfuris: Bei Leberentzündung und Leberabszess, aufgetriebener Bauch und sehr große Schmerzhaftigkeit.

Kalium carbonicum: Bei alten, chronischen Leberbeschwerden, Schmerzhaftigkeit und Gelbsucht, Auftreibung und Kälte des Bauchraums, Tiere sind reizbar und empfindlich.

Lachesis: Bei einsetzender Infektion und Gefahr einer Sepsis, die Erkrankung entwickelt sich sehr schnell und heftig, die Tiere sind geschwächt.

Leptandra: Lebermittel mit Gelbsucht und schwarzem, teerigem Kot, Funktionsstörung im Galle- und Leberbereich.

Lycopodium: Wirkt eher bei chronischen Erkrankungen, sich langsam entwickelnden Krankheiten und bei Mangel an Lebenswärme. Die Tiere trinken wenig und zeigen aufgrund der dadurch entstehenden Nierenprobleme ein schlechtes Haarkleid, sind abgemagert, sie haben einen wählerischen Appetit, stürzen sich auf das Futter und wenden sich direkt wieder ab, sie sehen alt aus, sind matt, ängstlich und reizbar.

Natrium sulphuricum: Lebermittel mit Gelbsucht und Schmerzhaftigkeit, auffallend ist das Verlangen nach abwegigen Futtermitteln, Schmerzhaftigkeit, Kolik und Gelbsucht, bei Leber- und Gallenblasenverschluss, Gallensteine, Auftreibung und Gärung, vergrößerte Leber, die erkrankten Tiere liegen viel und besonders auf der rechten Seite, der Gesichtsausdruck ist ängstlich, misslaunig und schläfrig, enorm große Kotmenge.

EXTRA-INFO

Das gesunde Rind hat eine Fetteinlagerung in der Leber in dem Zeitraum der Hochträchtigkeit und nach dem Abkalben. Viele Milchkühe haben eine Fettleber und vor allem Hochleistungstiere können ein **Fettleber-Syndrom** entwickeln, das zu den wichtigsten Stoffwechselerkrankungen zählt. Es tritt oft in Zusammenhang mit Erkrankungen, wie einer Labmagenverlagerung oder Herz- und Kreislauferkrankung, auf.

Als Ursache kommen die Fütterung der Tiere infrage, die einseitig und „treibend" sein kann, einen hohen Energie- und Fettanteil aufweist oder auch Rohfasermangel, ebenso die Wirkung von Stoffen, die für die Leber giftig sind, wie Endotoxine, Ketonkörper, Chemikalien oder Giftpflanzen.

Oft bleibt die Fettleber unerkannt und tritt erst nach einer Stresssituation, beim Einsetzen der Milchleistung oder einer Erkrankung zutage. Eine Fettleber ist immer mit einer besonderen Empfindlichkeit gegenüber Stoffwechselbelastungen verbunden, wie einer Ketose oder Gebärparese. Zudem verschärft die herabgesetzte Funktion der Leber alle anderen möglicherweise begleitend auftretenden Erkrankungen, wie beispielsweise eine Euterentzündung oder Verdauungsstörung.

Als Symptome finden wir geringeren Appetit und Absinken der Milchleistung besonders bei Tieren direkt nach dem Kalben. Es fallen eine Gelbfärbung der Schleimhäute und Schmerzhaftigkeit auf. Die Tiere liegen fest und können sterben.

Nux vomica: Ein „großer Reiniger“ und ein großes Rindermittel, Leberprobleme mit Auftreibung und Kolik, geschwollene und schmerzhafte Leber und Leberverfettung, Verstopfung und Drang zum Koten, überempfindlich gegen Berührung und Geräusche. Ursache in Fütterungsfehler und Vergiftung.
Phosphor: Bei akuter und subakuter Leberentzündung mit beginnender Azetonämie, auch aufgrund von Überforderung, Tiere sind geschwächt, nervös, abgemagert und erscheinen plötzlich krank, nach hoher Milchleistung oder nach dem Kalben und mit Neigung zu Blutungen.
Podophyllum: Bei träger Leberfunktion, Gelbsucht, wässrigem Kot, Blähungen und Schwäche, schmerzhafte Lebergegend.
Silicea: Es wirkt tief und langsam, kann den Ausheilungsprozess unterstützen, Rückresorption von fibrinösem Gewebe und Narbengewebe.
Taraxacum: Als Heilpflanze bekannt für seine Wirkung auf die Leber, homöopathisch bei vergrößerter und verhärteter Leber sowie Tympanie eingesetzt.

Gelbsucht, Ikterus

Eine Gelbsucht kann in verschiedenen Formen auftreten: als hämolytischer oder prähepatischer Ikterus, als hepatozellulärer oder parenchymatöser Ikterus und als Verschluss-Ikterus oder Stauungsikterus.

Ein **hämolytischer Ikterus** kann durch einen plötzlichen Zerfall der roten Blutkörperchen entstehen. Dies wird durch Blutparasiten, eine zu große Wasseraufnahme oder Vergiftungen verursacht. Ein **hepatozellulärer Ikterus** entsteht bei der Zuführung oder Produktion von Stoffen, die das Leberparenchym schädigen. Dadurch werden die Leberfunktion und die Umbildung und Ausscheidung der Gallenfarbstoffe gehemmt. Der **Verschluss-Ikterus** ist eher selten und bedeutet eine Störung des Abflusses der Galle durch eine Entzündung der Gallenblase oder der Gallengänge, durch einen Leberegel-Befall oder Bauchfellentzündung.

Beim **hämolytischen Ikterus** kann der Blutfarbstoff nicht vollständig abgebaut werden und reichert sich im Blut und im Gewebe, besonders in den Schleimhäuten an. Gleichzeitig fallen ein schlechtes Allgemeinbefinden und Kreislaufprobleme auf. Der Harn ist dunkelgelb oder braun gefärbt, der Kot ist dunkel. Die **hepatozelluläre Gelbsucht** ist nur bei einer sehr schweren Schädigung zu erkennen. Die Tiere haben weniger Appetit, sie sind matt und haben eine vergrößerte, schmerzhafte Leber. Der **Verschluss-Ikterus** ruft neben einer Gelbfärbung der Schleimhäute Koliken und Hautentzündungen oder „Sonnenbrand“ hervor.

Homöopathische Behandlung

Arsenicum album: Tief wirkendes Mittel. Auffallender Unruhe, Erschöpfung und nächtlicher Verschlimmerung, die Leber ist vergrößert und schmerzhaft, Bauch geschwollen und schmerzhaft, großer Durst, trinkt in kleinen Schlucken.
Berberis: Bei Lebererkrankungen und Gallensteinen, bei Gallenblasenkatarrh mit Verstopfung sowie bei Gelbsucht und Schmerzhaftigkeit.
Bryonia: Wirkt auf die serösen Häute und inneren Organe, starke Schmerzen in der geschwollenen Lebergegend, Verschlimmerung der Beschwerden durch Druck, Husten und Atmen, gelbe oder blasse Haut und sehr fettige Haare.
Carduus marianus: Ein wichtiges Lebermittel. Erkrankung der Leber verbunden mit Grippe, Blutungen und Schwäche, bei Gallensteinen und vergrößerter, schmerzhafter Leber.
Chelidonium: Wichtiges Lebermittel bei leichterer Funktionsstörung. Auffallend ist das Verlangen nach abwegigen Futtermitteln, Schmerzhaftigkeit, Kolik und Gelbsucht, bei Leber- und Gallenblasenverschluss, Gallen-

steine, vergrößerte Leber, die erkrankten Tiere liegen viel und besonders auf der rechten Seite, die Tier sind ängstlich, misslaunig und schläfrig.
China: Besonders bei Schwäche und chronischer Erkrankung, bei Gallensteinkolik und Gelbsucht, Zusammenkrümmen verbessert.
Cuprum metallicum: Bei Krämpfen und krampfartigen Leiden, gespanntes und berührungsempfindliches Abdomen, heftige und intermittierende Kolik.
Hydrastis: Die Leber ist funktionsträge und empfindlich, Gelbsucht und Gallensteine, die Tiere sind eher alt und erschöpft, abgemagert und mit schwacher Verdauung.
Lachesis: Empfindliche Leber- und Bauchregion, eher verstopft und stinkender Kot, wirkt einer Sepsis entgegen, wenn das Tier schon sehr erschöpft und vergiftet erscheint.
Lycopodium: Wirkt bei chronischen, sich langsam entwickelnden Erkrankungen und bei Mangel an Lebenswärme. Die Tiere trinken wenig und zeigen aufgrund der dadurch entstehenden Nierenprobleme ein schlechtes Haarkleid, sind abgemagert, Verdauungsschwäche mit Fresssucht, geblähter und empfindliche Leber.
Nux vomica: Leberprobleme mit Auftreibung und Kolik, geschwollene und schmerzhafte Leber und Leberverfettung, Verstopfung und Drang zum Koten, überempfindlich gegen Berührung und Geräusche, Ursache der Erkrankung sind Fütterungsfehler und Vergiftung.
Phosphor: Bei akuter und subakuter Leberentzündung mit beginnender Azetonämie, auch aufgrund von Überforderung, besonders nach hoher Milchleistung, die Tiere sind geschwächt, nervös, abgemagert und erscheinen plötzlich krank.
Podophyllum: Bei träger Leberfunktion und Gelbsucht, wässrigem Kot und Schwäche, schmerzhafte Lebergegend und Blähungen.

Erkrankung des Bewegungsapparates

Der Bewegungsapparat besteht aus dem knöchernen Skelett und den Skelettmuskeln. Sehnen sind die Kraftüberträger, die die Muskeln mit den Knochen verbinden. Bänder dienen der Änderung der Zugrichtung und verstärken stark belastete Gelenke. Das Skelett besteht aus verschiedenen Knochen, die teilweise miteinander verwachsen sind, wie beim Schädel oder Becken. Die Knochen formen den Körper, sorgen für die Beweglichkeit, schützen die inneren Organe oder ermöglichen erst ihre Funktion, wie bei der Atmung. Im Inneren der Knochen, im Knochenmark, werden die Blutzellen gebildet. Gelenke verbinden die Knochen miteinander. Die Muskeln bestehen aus Muskelfasern, die Bündel bilden und mit einer netzartigen Haut, der Faszie, umgeben sind. Die Sehnen bestehen aus kollagenem Bindegewebe, das sehr fest, aber auch biegsam ist. Sehr lange Sehnen laufen in Sehnenscheiden, in denen sich Flüssigkeit befindet und die die Reibung vermindern. Schleimbeutel sind besondere Polster für die Sehnen, sie sind ebenfalls mit Flüssigkeit gefüllt und verteilen den Druck gleichmäßig.

Klauenrehe, Pododermatitis aseptica diffusa, Laminitis

Die Klauenrehe ist eine häufige Stoffwechselerkrankung des Rindes und ein großes Problem in Hochleistungsherden. Sie ist eine Störung der Hornproduktion und tritt in unterschiedlicher Form auf.

Als Ursache kommen Fütterungsfehler, Vergiftungen oder Nachgeburtsverhalten infrage, auch eine erbliche Form ist möglich. Es kommt zu einer Störung der Vormagenverdauung, die durch eine Azetonämie, Leberverfettung und Labmagenverlagerung verstärkt wird. Die Aufstallungsform, soziale Faktoren und die Rasse spielen eine Rolle bei der Häufigkeit des Auftretens.

Neben dem Absinken des Klauenbeins kommt es zu einer dünnen und vorgewölbten Hornsohle, einer verbreiterten weißen Linie und Blutungen in der Klaue. Die Glasurschicht wird rindenartig, die Haare im Kronbereich sträuben sich und es treten Ödeme und Nekrosen im Sohlenbereich auf. Bei der akuten Form kommt es zu Lahmheit und das Tier liegt viel. Die Beine sind geschwollen und es fällt die Pulsation der Hauptmittelfußarterie und Schmerzhaftigkeit der Klaue auf. Die subakute Form zeigt weniger Lahmheit, das Tier liegt jedoch mehr. Die chronische Form hat Lahmheit und wenig gestörtes Allgemeinbefinden zur Folge, die Klauen werden breit mit flacher Sohle und haben eine veränderte Oberfläche mit Ringen und dünnem und verfärbten Sohlenhorn. Ähnlich ist die subklinische Form mit Blutungen, schlechter Hornqualität, unregelmäßige Hornstruktur sowie oft auftretenden Komplikationen.

Homöopathische Behandlung

Apis: Bei ödematöser Schwellung des Kronsaums, das Tier ist durstlos und will sich nicht bewegen, stechende Schmerzen und Unverträglichkeit von Wärme und Berührung.
Arnica: Am Beginn der Entzündung geben und gut mit Hypericum zu kombinieren. Das Tier will nicht berührt werden, nach Verletzungen und Überanstrengung.
Belladonna: Bei Ängstlichkeit und Unruhe, auch mit Fieber, heiße Klauen, pulsierende Gefäße an der Fessel sichtbar, geschwollene Gelenke.
Bryonia: Vermehrtes Liegen, sehr heiße und schmerzhafte Klaue, jede Stelle ist schmerzhaft bei Druck, viel Durst und trockene Schleimhäute, reizbares und erschöpftes Tier.
Carbo vegetabilis: Bei Klauenrehe nach übermäßiger Fütterung, Krankheiten und Flüssigkeitsverlust, das Tier ist allgemein dick, faul und träge und in der Erkrankung sehr schlapp und hinfällig.
Gingko biloba: Fördert die Durchblutung der Extremitäten und unterstützt die Heilung.
Hypericum: Besonders bei chronischer Klauenrehe. Sehr schmerzhafte und warme Sohle, vermehrtes Liegen und „Knien" der Tiere. Gut in Kombination mit Arnica als erstes Mittel geben.
Nux vomica: Behandelt die Verdauungsstörung, Fütterungsfehler oder Allergie als Ursache der Erkrankung. Stellt das Gleichgewicht im Stoffwechsel wieder her.
Okoubaka: Ähnlich Nux vomica.
Silicea: Bei Eiterung und Entzündungen, bei Klauenproblemen. Nach der Abheilung zur Verbesserung des Gewebes und der Klaue geben.
Sulfur: Nach Vorerkrankung oder Vorbehandlung zur Bereinigung geben, wenn andere Mittel versagen, besonders bei akuten Fällen, zum Wecken der Reaktionsfähigkeit. Stinkende Absonderungen und schlechter Hautzustand.

EXTRA-TIPP

Sinnvoll ist der begleitende Einsatz von homöopathischen Mitteln, die den Leberstoffwechsel unterstützen, wie **Flor de piedra**, **Carduus marianus**, **Lycopodium** oder **Nux vomica**. Zur Nachbehandlung können **Silicea** und **Calcium fluoratum** sowie **Ginkgo biloba** gegeben werden.

Klauensohlengeschwür, Rusterholz'sches Sohlengeschwür, Ulcus Rusterholzi (UR), Pododermatitis circumscriptae

Dieses spezifisch traumatische Klauensohlengeschwür findet sich vor allem bei erwachsenen und schweren Tieren. Neben der Lockerung der Aufhängung des Klauenbeins durch eine Fehlstellung der Klaue kommen Haltungs- und Fütterungsfehler oder Überbelastung einer Gliedmaße durch eine Erkrankung der anderen Gliedmaße als Ursache für die

Entstehung des Geschwürs infrage. Durch die Blutung und Infektion entsteht ein Hohlraum in der Klauenwand, möglicherweise auch eine Entzündung der Knochenhaut.

Neben der Lahmheit ist das Geschwür auffallend. An der typischen Stelle, dem Übergang von der Sohle zum Ballen, fällt besonders bei pigmentierten Klauen die Depigmentierung auf sowie feine Blutungen, eventuell auch eine Zusammenhangstrennung im Bereich der weißen Linie. Das Allgemeinbefinden ist oft ungestört, die Milchleistung sinkt jedoch ab.

Homöopathische Behandlung

Acidum nitricum: Bei Geschwür von blauroter Farbe, das wuchert und schnell blutet, der Grund des Geschwürs sieht aus wie rohes Fleisch, überschießende Granulation und stinkende Absonderungen, aber gutes Allgemeinbefinden.
Anthracinum: Besondere Wirkung bei Geschwüren, bei Karbunkeln und Furunkeln, bei Abszessen und Verhärtung von Zellgewebe, schlechte Ausheilung. Es ähnelt Arsenicum album, dem es gut folgt.
Arnica: Bei Druckstellen, Bluterguss, Steingallen und Blutungen bei der Arbeit an den Klauen.
Belladonna: Wenn die Entzündung auf die Umgebung umgreift, trockene und heiße Schwellung mit Eiterung, auch Verhärtung nach der Entzündung.
Calcium sulfuricum: Wenn alle Wunden sehr schlecht heilen, Eiterung nachdem der Eiter abgeflossen ist, gelbe und eitrige Krusten und Absonderungen.
Echinacea: Bei akuter Infektion und Blutvergiftung, immer wiederkehrenden Abszessen und Geschwüren.
Hepar sulfuris: Infizierte Wunden mit akuter Eiterung und beginnendem Abszess, Eiter riecht nach altem Käse, Überempfindlichkeit gegen Schmerzen.
Hypericum: Hilft bei Nervenschmerzen nach Verletzungen und Operation. Man soll es schnell nach der Verletzung geben, um die Toxinausbreitung zu verhindern. Gut in Kombination mit Arnica.
Lachesis: Bei infizierten Wunden mit Sepsis, wenig Eiter, eher nekrotische Veränderung, bläuliche Verfärbung der Wunde und schlechte Heiltendenz, bei großen Schmerzen.
Kreosotum: Besonders ätzende, brennende und stinkende Absonderungen, schmerzhafte Geschwüre.
Myristica sebifera: Wird als das „homöopathische Messer" bezeichnet, weil es bei eitrigen Entzündungen oder Abszessen im Stadium der Reifung eröffnend wirkt, der Verlauf der Entzündung ist nicht so akut wie bei Hepar sulfuris.
Pyrogenium: Bei stinkenden Eiterungen, Ausbreitung der Entzündung und dabei schlechtes Allgemeinbefinden sowie Gefahr einer Sepsis.
Silicea: Zum Ausheilen sowie zur Verbesserung des Gewebes und der Hornbeschaffenheit. Auch als Vorbeugung in Hochpotenz einmal im Monat geben.
Tarantula: Das wirksamste Mittel bei Furunkeln, Abszessen, Eiterungen und Schwellungen mit bläulicher Farbe und großen Schmerzen, besonders im distalen Gliedmaßenbereich, nekrotisches Gewebe mit wässriger Sekretion oder Sickerblutung, schlechte Heilung der Wunden.

TIPP

Sehr bewährte Kombination von Einzelmitteln: **Acidum nitricum**, **Echinacea**, **Gingko biloba**, **Kreosotum** und **Pyrogenium**.

Panaritium, Infektiöse Zwischenklauennekrose (IZK)

Diese Entzündung ist bei Weide- wie auch Stallhaltung zu finden, besonders im Laufstall und bei stärkerer Feuchtigkeit im Winterhalbjahr. Die Entzündung wird durch verschiedene Keime verursacht, die eine vorgeschädigte Haut (durch Feuchtigkeit, Trockenheit oder Verletzungen) infizieren.

Im Anfangsstadium fallen besonders die plötzlich auftretende Lahmheit, erhöhte Temperatur und schlechtes Allgemeinbefinden auf. Im Zwischenklauen- und Ballenbereich ist die Haut phlegmonös geschwollen und der Zwischenklauenspalt stark erweitert. Es kann später zur Ablösung ganzer Hautpartien kommen, der Bereich ist geschwollen und dunkel verfärbt. Durchbrüche oder Öffnungen der Fisteln im Bereich der Krone weisen auf eine Entzündung des Klauengelenks hin, was als Komplikation zusätzlich auftreten kann. Es kann zu Aborten und Metastasierung kommen (Nieren-, Herz-, Muskelerkrankung).

Homöopathische Behandlung

Anthracinum: Bei Entzündung mit schlechtem Allgemeinbefinden, das Gewebe ist verhärtet und blauschwarz verfärbt, das Sekret blutig und faulig, brennender Schmerz und viel Durst.
Antimonium crudum: Die Haut ist rissig, aber noch nicht infiziert, möglich auch Pickel und Pusteln, dicke und honigfarbene Krusten.
Apis: Bei ödematöser Schwellung, sehr schmerzende und empfindliche Haut mit rosaroter Farbe, auch Karbunkel, Unverträglichkeit der leichtesten Berührung.
Belladonna: Eher ein Anfangsmittel, bei heißer, geschwollener und akut entzündeter Klaue, aber noch keine Nekrose.
Calcium fluoratum: Verhindert Gewebswucherung und Knochenentzündung nach der ersten Entzündungsphase.
Dioscorea villosa: Bei sehr schmerzhafter Entzündung, das Bein wird nicht mehr aufgesetzt und in der Luft geschüttelt. Eher zu Beginn der Entzündung geben.
Hepar sulfuris: Zur Eiterresorption, wirkt auf die Sekundärinfektion im Akutstadium, besonders bei großer Schmerzhaftigkeit und Kälteunverträglichkeit, der Eiter stinkt nach altem Käse. Eher tiefere Potenzen zur Förderung der Eiterung nach außen einsetzen.
Lachesis: Bei dunklen Blasen mit blauschwarzer Schwellung und lang andauernden und tief greifenden Geschwüren, wenig Eiter, eher nekrotische Veränderung und große Schmerzen.
Mercurius solubilis: Bei scharfen Absonderungen und wuchernden Geschwüren mit unregelmäßiger Form und unscharfen Rändern, große Eitermengen und gelbbraune Krusten.
Myristica: Wirkt ähnlich wie Hepar sulfuris, besonders bei Panaritium und wird als das „homöopathische Messer" bezeichnet, weil es bei eitrigen Entzündungen im Stadium der Reifung eröffnend wirkt, der Verlauf der Entzündung ist nicht so akut wie bei Hepar sulfuris.
Pyrogenium: Bei grauen und schmierigen Belägen und stinkenden Eiterungen, Ausbreitung der Entzündung, dabei schlechtes Allgemeinbefinden sowie Gefahr einer Blutvergiftung.
Rana bufo: Bei begleitender Phlegmone bis zum Gelenk, brennende Schmerzen und Geruch des Eiters nach Fäulnis, Eiterung aus der kleinsten Verletzung.
Silicea: Besonders bei chronischen Fällen und zur Ausheilung sowie Stärkung des Gewebes und der Klaue geben.
Tarantula: Ähnliche Symptomatik wie bei Anthracinum, aber das Tier ist viel unruhiger. Das wirksamste Mittel bei Furunkeln, Abszessen und Schwellungen mit bläulicher Farbe und großen Schmerzen, nekrotisches Gewebe mit wässriger Sekretion, schlechte Ausheilung.

Limax, Hyperplasia interdigitalis, Tylom

Es handelt sich hier um eine Verdickung der Zwischenklauenhaut aufgrund einer ständigen Reizung und einer dadurch entstehenden Entzündung, die gehäuft bei älteren Tieren auftritt.

Durch wiederholte Verletzungen im Bereich des Zwischenklauenspaltes kommt es in Kombination mit einem geschwächten Bandapparat und Klauenfehlstellung zur Ausbildung dieser Hautverdickung. Auch Fehler in der Haltung sowie genetische Komponenten können hier eine Rolle spielen.

Anfangs fallen erst eine Hyperkeratose, dann eine Verdickung der Haut und ein erweiterter Zwischenklauenspalt auf. Später kann es mit dem Anwachsen der Verdickung zu Schmerzen und Nekrosen kommen, der Gang wird erschwert.

Homöopathische Behandlung

Acidum nitricum: Bei Geschwür von blauroter Farbe, das wuchert und schnell blutet, unregelmäßiger Rand, der Grund des Geschwürs sieht aus wie rohes Fleisch, überschießende Granulation und stinkende Absonderungen, aber gutes Allgemeinbefinden.
Antimonium crudum: Die Haut ist rissig, aber noch nicht infiziert, möglich auch Pickel und Pusteln, dicke und honigfarbene Krusten, bei Schwielen.
Apis: Bei ödematöser und roter Schwellung des Kronsaums, das Tier ist durstlos und will sich nicht bewegen, stechende Schmerzen und Unverträglichkeit von Wärme und Berührung.
Belladona: Bei heißer Entzündung und Schwellung, dunkelrote Haut zwischen den Klauen und großen Schmerzen. Ist gut mit Apis zu kombinieren und im ersten Stadium sehr wirksam.
Bryonia: Nicht so deutliche Schwellung, warme Klaue und deutliche Lahmheit, jede Stelle ist schmerzhaft bei Druck.
Calcium fluoratum: Verhindert Gewebswucherung und Knochenentzündung nach der ersten Entzündungsphase.
Calendula: Bei schlechter Wundheilung, es fördert die Granulation, bei veralteten, offenen, eiternden Wunden, nimmt den schlechten Geruch und Wundschmerz. Für reizbare Tiere besser als Arnica verträglich und besser bei empfindlicher Haut.
Graphites: Bei entzündetem Klauensaum und Schwellung, spröder und brüchiger Klaue, jede Verletzungen eitert, Geschwüre mit klebrigem, schmierigem und dünnem Sekret.
Hepar sulphuris: Bei deutlicher Schwellung und Schmerzen, Geruch des Eiters wie alter Käse, wirkt auf die Sekundärinfektion im Akutstadium, besonders bei großer Schmerzhaftigkeit und Kälteunverträglichkeit.
Kalium bichromicum: Bei gestanzt aussehendem Rand des Geschwürs, dicker gelber Eiter, zäh und fadenziehend, das Tier ist schwach und schon im subakuten Stadium
Lachesis: Bei blauschwarzer Schwellung, bläulicher Rand der Wucherung, bei langandauernden und tief greifenden Geschwüren sowie Furunkeln, wenig Eiter, eher nekrotische Veränderung, große Schmerzen.
Mercurius solubilis: Bei grünlichem und scharfem Sekret und süßlichem Geruch, scharfe Absonderung und wuchernden Geschwüren mit unregelmäßige Form und unscharfe Ränder, große Eitermengen und gelb-braune Krusten.
Myristica sebifera: Bei schlechter Wundheilung, weil es die Granulation fördert, bei veralteten, offenen Wunden, bei allen Verletzungen, besonders bei Risswunden, wenn Substanzverlust stattgefunden hat, auch bei eiternden Wunden, nimmt den schlechten Geruch und den Wundschmerz. Für reizbare Tiere besser als Arnica verträglich und besser bei empfindlicher Haut.
Pyrogenium: Bei grauen und schmierigen Belägen und stinkenden Eiterungen, Ausbreitung der Entzündung und dabei schlechtes Allgemeinbefinden, Sepsisgefahr.
Silicea: Bei chronischen Fällen und zur Ausheilung sowie Stärkung des Gewebes und der Klaue geben.
Tarantula: Bei Furunkeln, Abszessen und Schwellungen mit bläulicher Farbe und starker

Schmerzen, nekrotisches Gewebe mit wässriger Sekretion und schlechte Ausheilung.

Mortellaro, Erdbeerkrankheit, Dermatitis digitalis (DD)

Diese Klauenerkrankung breitete sich in den letzten Jahren stark aus und betrifft besonders die Rinder in Milchherden und in Laufstallhaltung.

Die Dermatitis digitalis ist eine multifaktorielle, offensichtlich durch Bakterien verursachte Erkrankung, die begünstigt wird durch schlechte hygienische Haltungsbedingungen, Feuchtigkeit und Überbesatz an Tieren, falsche Rationsgestaltung und mechanische Faktoren, die die Haut im Klauenbereich verletzen.

Es fallen typische Veränderungen an einer oder mehreren Klauen oder im Zwischenklauenspalt auf, die an dem Übergang von der Haut zur Klaue unterschiedlich große Stellen mit Substanzverlust bilden. Deren Randbereich ist wallartig geformt und die Haare stehen wirr ab. Nach der Reinigung sieht man höckeriges Granulationsgewebe mit unterschiedlicher Rotfärbung, deshalb auch die Ähnlichkeit mit einer Erdbeere und der Name Erdbeerkrankheit. Die Lahmheitssymptome sind recht unterschiedlich und die Milchleistung sinkt gar nicht oder nur wenig ab.

Homöopathische Behandlung

Borax: Bei Jucken und schlechter Wundheilung, bei Eiterung kleiner Verletzungen.
Conium: Bei gelber Haut mit rotem Ausschlag, gelber Klauensaum, chronische Geschwüre mit übel riechenden und scharfen Absonderungen.
Lachesis: Bei blauschwarzer Schwellung, bläulicher Rand der Wucherung, bei lang andauernden und tief greifenden Geschwüren sowie Furunkeln, wenig Eiter, eher nekrotische Veränderung, große Schmerzen.
Malandrium: Bei krustiger Entzündung, die Haut ist trocken, schuppig und juckt, Verschlechterung bei Nässe und Kälte.
Mercurius solubilis: Bei grünlichem und scharfem Sekret sowie süßlichem Geruch, scharfe Absonderung und wuchernden Geschwüren mit unregelmäßiger Form und unscharfen Rändern, große Eitermengen und gelb-braune Krusten.
Silicea: Besonders bei chronischen Fällen sowie zur Ausheilung und Stärkung des Gewebes und der Klaue geben.
Sulfur: Als Zwischenmittel oder nach Vorbehandlung, wenn andere Mittel nicht helfen, und zum Wecken der Reaktionsbereitschaft. Die Haut ist allgemein ungesund, schuppig und jede Verletzung eitert, das ganze Tier riecht schlecht.

EXTRA-TIPP

Bei infektiösen Erkrankungen des Klauenbereichs ist es vorteilhaft, die Klauen täglich mit Wasser zu reinigen und sie zusätzlich mit „Heilerde“ einzustäuben. Zur Unterstützung der Heilung können Sie auch Umschläge mit Leinsamen oder Kartoffeln machen bzw. die Klauen mit einer 26 %igen Salz-Sole besprühen. Eine Calendula-Essenz in Verdünnung 1:10 fördert die Heilung offener Wunden. Sie können auch Abszesse oder Fisteln damit ausspülen.

Gelenkentzündung

Gelenkentzündungen ohne Keimbeteiligung, aseptische Arthritiden, kommen nach Verletzungen vor oder entwickeln sich bei Fehlstellungen der Gliedmaßen. Eine Sonderform ist die Gelenkentzündung, die im Anschluss an Kalbungen oder Euterentzündungen auftritt. Hier kommt es zu einer plötzlichen Schwellung und vermehrter Füllung der Gelenke, die warm sind und einen steifen Gang verursachen. Eine septische Gelenkentzündung ist eine häufige Lahmheitsursache bei Kälbern und Rindern.

Die Ursache für die Entzündung liegt einerseits in Verletzungen an den Extremitäten, aber auch in einem Druckgeschwür oder in Stoffwechselerkrankungen. Eine Arthritis kann als Begleiterkrankung einer Mastitis, einer Endometritis oder von Nachgeburtsverhalten auftreten, ebenso durch einen nicht ausgeheilten Klauenabszess oder eine abgedrückte Eierstockzyste. Beim Kalb können Nabelinfektionen eine metastatisch bedingte Gelenkinfektion verursachen. Neben Lahmheit treten Schwellungen an den betreffenden Gelenken auf, vor allem am Sprunggelenk.

Homöopathische Behandlung

Apis: Bei geschwollenem Gelenk durch die hoch akute Entzündung, plötzliches Auftreten und große Schmerzen, mit Flüssigkeit gefüllt, kein Durst, Kälte verbessert den Zustand.
Arnica: Bei den Folgen einer Druckstelle, Verletzung, Zerrung oder Überanstrengung geben, das Tier will nicht berührt werden, stärkt die Muskeln und baut möglichen Bluterguss ab.
Belladonna: Zu Beginn der Entzündung, die sehr heftig ist, hoch akut und sehr schmerzhaft, das Gelenk ist dick, heiß, rot und sehr empfindlich, hochgradige akute Lahmheit.
Bryonia: Bei akuter oder subakuter Entzündung mit harter Schwellung, auffallend sind die Schmerzhaftigkeit und Verbesserung bei starkem Druck, die Tiere bewegen sich kaum, viel Durst auf große Mengen, Schleimhäute und Kot sind trockener als normal.
Harpagophytum: Mit Schmerzen beim Aufstehen, Verschlimmerung der Beschwerden in Kälte und Nässe.
Kalium bichromicum: Bei subakuter Entzündung und geringerer Schwellung, weniger Schmerzen. Zur Nachbehandlung, wenn die Schwellung nicht zurückgeht.
Lachesis: Bei fortschreitender Entzündung mit Lahmheit und Schmerzen.
Ledum: Bei Entzündung mit Ödem, knotiger Veränderung um das Gelenk und Atrophie (Rückbildung) des Beines, Kälte verbessert.
Rhus toxicodendron: Bei Entzündung des Bandapparates ohne Mitbeteiligung des Gelenkes, auffallend ist Lahmheit und Steifheit nach dem Liegen, Bewegung verbessert den Zustand, das Tier bewegt sich eher mehr als sonst, bei Folge von Verrenkung und Verstauchung, Überanstrengung.
Ruta graveolens: Bei Schäden am Periost, an der Knochenhaut, und am Bandansatz, auch hier verbessert die Bewegung. Gut in Kombination mit Rhus toxicodendron.
Silicea: Bei alten Verletzungen sowie zur Stärkung und Ausheilung geben.

Verrenkung, Gelenkluxation

Häufig tritt eine Verrenkung des Kreuzdarmbeingelenkes im Zeitraum um das Kalben oder in der Brunst auf, da in dieser Zeit das Gewebe lockerer ist. Eine Verschiebung der Kniescheibe, eine Patellaluxation, kann nach einer massiven Verletzung auftreten, bei neugeborenen Kälbern kann es durch einen Nervenlähmung auftreten.
Oft sind schwere Geburten, Fehlversuche beim Aufstehen, wenn eine Kuh festliegt oder das Bespringen durch andere Tiere der Auslöser der Verrenkung. Durch eine Zucht auf ein abgeflachtes Kreuzdarmbeingelenk entstehen eher Probleme als frühere Rassen dies hatten.

Homöopathische Behandlung

Arnica: Als erstes Mittel nach dem Unfall und der Verrenkung geben, dann die anderen Mittel mit in die Kombination geben.
Rhus toxicodendron: Als das „Bändermittel" bei allen Lahmheiten im Bewegungsapparat durch eine akute Entzündung, Verbesserung der Beschwerden bei Bewegung, fortgesetzte Bewegung verschlechtert aber wieder, geringe Schwellung des Gelenkes, aber heiß und schmerzhaft.

Ruta graveolens: Gut in Kombination mit Rhus toxicodendron und nach Arnica geben. Als Mittel bei akuten und chronischen Entzündungen in Sehnen, Bändern und Gelenken, wirkt besonders auf das Periost und den Ansatz von Bändern und Sehnen, bei Lahmheiten und großer Schwäche.
Symphytum: Als „Arnica der Knochen" gut in Kombination mit Rhus toxicodendron und Ruta graveolens zu nehmen, besser in tiefen Potenzen.

TIPP
Hier kann die Kombination der Einzelmittel **Arnica** mit **Ruta graveolens** und **Symphytum** hilfreich sein.

Knochenbruch, Fraktur

An den Gliedmaßen, den Rippen, an Beckenknochen oder den Kieferknochen kann es durch Unfälle zu Knochenbrüchen kommen, die zum Teil übersehen werden und therapeutisch oft schlecht zu behandeln sind. Bei einem gehäuften Vorkommen von Frakturen sollte das Vorliegen einer Osteomalazie, einer Knochenerweichung, als mögliche Ursache in Erwägung gezogen werden.

Ein Knochenbruch verursacht eine Entzündung mit den fünf Entzündungszeichen: dem Schmerz, der Schwellung, dem Bluterguss mit Röte und Wärme und der eingeschränkten Beweglichkeit. Bei einem offenen Bruch ragen Knochenfragmente aus der Wunde und die Gliedmaße ist möglicherweise verdreht, abnorm beweglich oder knirscht. Schwierigkeiten können durch die gleichzeitige Verletzung von Nerven, Gefäßen, Gelenken, aber auch durch einen Schock oder eine Fettembolie auftreten.

Homöopathische Behandlung

Arnica: Bei Bluterguss an der Bruchstelle und als allgemeines Verletzungsmittel als erstes Mittel geben, auch gegen den Schock und die Schmerzen wirksam.
Calcium carbonicum, **Calcium fluoratum** oder **Calcium phosphoricum:** Unterstützen die Frakturheilung, auch zur vorbeugenden Kräftigung der Knochen und Gelenke, besonders beim passenden Konstitutionstyp.
Hekla lava: Unterstützt die Ausheilung des Knochenbruchs, verhindert Überbeine und Entzündungen im Knochenbereich.
Ruta graveolens: Wirkt auf den Knochen und die Knochenhaut, bei mechanischer Verletzung von Knochen und Knochenhaut, bei Bluterguss an der Knochenhaut.
Symphytum: In tiefer Potenz über längere Zeit geben, als „Arnika der Knochen" fördert es die Heilung des Bruches, gut in Kombination mit einem passenden Calcium-Salz, es kräftigt Bänder und Sehnen, auch zur Rückbildung von traumatischen Exostosen, bei Schmerzhaftigkeit. Gut in Kombination mit Arnica, in tiefen Potenzen geben.
Hypericum: Als Schmerzmittel bei Frakturen und Nervenverletzungen wichtig.
Phosphor: Als Begleittherapie bei Knochenbrüchen möglich.

Erkrankung von Nieren und Harnwegen

Beim Rind werden im Allgemeinen selten Erkrankungen des Harnapparates festgestellt. Meist sind Abweichungen von den Normalwerten einer Harnuntersuchung die Folgen einer Stoffwechsel- oder Organerkrankung.

Der Harnapparat dient der Ausscheidung von Abbau- und Abfallstoffen aus dem Stoffwechsel. Er besteht aus den Nieren, dem Harnleiter, der Harnblase und der Harnröhre. Die Nieren sind paarig angelegt und reinigen das sie durchströmende Blut von Schlackenstoffen. Sie liegen auf beiden Seiten der Wirbelsäule, beim erwachsenen Rind wird die linke Niere durch den Pansen nach rechts geschoben. Eine dicke Fettkapsel und eine Bindegewebskapsel umgeben die Nieren, die beim Wiederkäuer mehrwarzig gefurcht sind. Im Nierenbecken sammelt sich der Harn und geht durch die Harnleiter bis in die Harnblase, wo der Harn gesammelt wird. Die Harnröhre ist beim weiblichen Tier sehr kurz und dehnungsfähig, beim männlichen Tier länger und wenig dehnungsfähig, sie kann Probleme bei der Passage von abgehenden Harnsteinen bilden.

Nierenentzündung, Nephritis

Nierenerkrankungen kommen in Form einer nichteitrigen oder eitrig-metastatischer Nierenentzündung vor. Oft entsteht eine bakterielle Nierenentzündung in Verbindung mit verschiedenen Grundleiden, wie einer Gebärmuttervereiterung, einer eitrigen Nabelentzündung, Harnsteinen, Harnstau oder einer Vergiftung. Sie kann auch als Folgeerkrankung chronisch eitriger Entzündungen anderer Organe, wie Leber oder Lunge, auftreten.

Auffallend sind die kleinen Mengen Harn, die häufig abgesetzt werden. Der Harn ist rötlich oder blutig. Später stehen die Tiere mit gekrümmten Rücken und fiebern, der Appetit und die Milchleistung sinken ab und die Tiere werden zusehends mager.

Homöopathische Behandlung

Apis: Große Schmerzhaftigkeit, Brennen und Wundheit beim Wasserlassen, dies aber häufig und unwillkürlich, stark gefärbter Urin und auffallende Durstlosigkeit.
Belladonna: Bei akuter Entzündung der Harnorgane mit ständigem Harndrang oder Harnverhaltung, dunkler und trüber Harn und schmerzhafter Harnabsatz, auch mit Blut, die Tiere haben wenig Durst und werden plötzlich und heftig krank.
Berberis: Bei Reizung und Entzündung der Harnwege und bei Nierenschmerzen, vor allem bei linksseitiger Nierenkolik, Steifigkeit des Rückens und in der Nierengegend. Auffallend sind die wechselhaften Symptome und Harn mit dickem Schleim sowie hellrotem, mehligem Sediment.
Cantharis: Heftige Abwehr der Tieres beim Berühren des Bauches, ständiger Harndrang, aber wenig und blutiger Harn, auch gallertartig und mit Schleimfäden, Schluckbeschwerden der Tiere, die nervös und ängstlich erscheinen.
Hepar sulfuris: Sehr schmerzhafte Nieren bei ungestörtem Allgemeinbefinden, der Harn enthält Blut und Eiterflocken und wird langsam und ohne Kraft entleert.
Phosphor: Bei Blut im Harn nach Kälteeinwirkung, übel riechender Harn, Wechsel in Farbe und Konzentration des Harns, oft trübe und braun, die Tiere sind schwach, nervös und sehr empfindlich.
Solidago: Geringer und schmerzhafter Harnabsatz bei gespannter Bauchdecke sowie Rückenschmerzen, der Harn ist rötlich braun und hat dicke Sedimente, manchmal ist er klar und stinkend.
Terebinthina: Wirkt besonders bei blutenden Schleimhäuten, wenig und blutiger Urin, der unter Schwierigkeiten abgeht mit süßlichem Geruch nach Veilchen, bei Nierenentzündung nach jeder akuten Erkrankung und ständigem Harndrang.

TIPP

Bei Fieber, Inappetenz und schlechtem Allgemeinzustand des Tieres empfiehlt sich eine **Kombination von Einzelmitteln:** Lachesis mit Pyrogenium und Echinacea.

Blasenentzündung, Zystitis

Diese Entzündung kann entweder aufsteigend von der Harnröhre oder absteigend von der Niere kommen, möglicherweise auch in Verbindung mit einer Gebärmutterentzündung oder einer Allgemeininfektion. Die Tiere zeigen schmerzhaften Harnabsatz mit Nachpressen, der Harn ist blutig oder eitrig. Tritt sie als Folgeerkrankung eine Nierenentzündung auf, kommt es mit Apathie, Fieber oder einer Blutvergiftung zur Kolik.

Wichtig ist die Unterscheidung der Erkrankung zu anderen Krankheiten mit ähnlichen Symptomen, wie Endometritis, Vergiftung oder Stoffwechselerkrankungen, da diese unterschiedlich behandelt werden müssen.

Homöopathische Behandlung

Aconitum: Im Anfangsstadium der Erkrankung und bei plötzlichem Fieber und Schmerzen im Nierenbereich, bei Unruhe und Durst, Entzündung nach trockener Kälte und Wechsel von warmen Tagen und kalten Nächten oder durch Zugluft.

Apis: Akuter und fieberhafter Zustand, sehr schmerzhaft und wenig Urin, aber häufiger Harnabsatz und auffallender Durstlosigkeit.

Arsenicum album: Akute und chronische Entzündung, wenig brennender und unwillkürlich abgehender Urin, Schwäche nach dem Wasserlassen.

Belladonna: Im Stadium der Krisis geben, akuter und fieberhafter Zustand auf dem Höhepunkt, nicht so schmerzhafte Entzündung wie Apis, häufiges und reichliches Wasserlassen und viel Durst, auch Blut im Urin möglich.

Berberis: Fieberhafter Zustand, hohe Schmerzhaftigkeit im Nieren- und Bauchbereich, Wechsel von Durst und Durstlosigkeit, allgemeiner schneller Symptomenwechsel, Harn abwechselnd trüb und klar.

Cantharis: Dauernder und schmerzhafter Harndrang in oft kleinen Mengen, Blut und Eiweiß im Urin, viel Durst, schmerzhafter Harnabsatz, besonders nach Kälte und Durchnässung.

Capsicum: Akute und subakute Entzündung, häufiger und schmerzhafter Harndrang, aber fast vergeblich, der Harn kommt erst in Tropfen und geht dann schubweise ab.

Causticum: Chronische Blasenentzündung, trüber Urin und Harndrang, sehr langsame Urinentleerung oder auch Harnverhaltung.

Dulcamara: Akute oder subakute Erkrankung, Folge von Durchnässung und feuchter Kälte, trüber, schleimiger und übel reichender Harn, schmerzhafter Harnabsatz, die Tiere sind unruhig.

Hamamelis: Blut im Harn aufgrund einer Verletzung der Harnwege durch Grieß oder Steine.

Hepar sulfuris: Harn mit Blut und Eiterflocken, langsame Entleerung der Blase und der Harn tröpfelt nur, Schmerzen bei leichtem Druck auf Nierengegend, aber gutes Allgemeinbefinden.

Lycopodium: Chronische Form der Blasen- und Nierenentzündung, viel Sediment. Auch ein wichtiges und breit wirkendes Nieren- und Lebermittel.

Mercurius solubilis: Akute oder subakute Erkrankung mit Harndrang und Urin, der blutig oder eitrig bis schleimig ist.

Pareira brava: Ständiger Harndrang mit Unvermögen Harn zu lassen und mit kolikartigen Schmerzen, Urin dunkel, blutig, dick, schleimig bis eitrig, vor allem bei männlichen Tieren.

Petroselinum: Für akute, subakute und chronische spastische Zystitis mit plötzlichem und heftigem Harndrang, milchige Absonderung, besonders bei Jungtieren.

Pulsatilla: Folge einer aufsteigender Infektion, Harn wasserhell oder dunkel, deutliche Sedimente und verstärkter Harndrang.

Rhus toxicodendron: Nach Durchnässung auftretend, besonders im Winterhalbjahr, der Harn ist dunkel, trüb und spärlich, weiße Sedimente.

Sabal serrulatum: Ständiger Harndrang ohne Harnabsatz. Als Anfangsmittel und bei matten und apathischen Tieren.
Solidago: Harndrang, der Urin ist klar und stinkend oder rötlich braun, mit viel Sediment, Blasen- und Nierenbeckenentzündung, hochschmerzhafter Bauch.
Terebinthina: Wenig Harn und Harndrang, der Urin kommt nur tropfenweise und kann auch blutig sein, riecht süßlich nach Veilchen, begleitend können Hautveränderungen auftreten.
Thuja: Blutiger Harn, der passiv austritt, chronische Entzündung des Urogenitalbereichs.

TIPP

Bei Fieber, Inappetenz und schlechtem Allgemeinbefinden die Kombination von **Lachesis**, **Pyrogenium** und **Echinacea** geben.

Erkrankung während der Trächtigkeit und Geburt

Die Homöopathie kann besonders bei Problemen rund um die Geburt eine große Hilfe darstellen. Hierbei ist es wichtig zu bedenken, dass jede Geburt zwar ein natürlicher Vorgang ist, aber auch ein größeres Risiko für das Muttertier bedeutet, das in diesem Zeitraum besonders intensiv betreut werden sollte.

Vorbereitung des Kalbens

Zur Vermeidung von Schwierigkeiten oder zur Unterstützung und Erleichterung der Kalbung können homöopathische Mittel eingesetzt werden, die entweder vorbeugend allen trächtigen Tieren, einer speziellen Problemgruppe oder einigen Einzeltieren gegeben werden. Absolute Hygiene und Sorgfalt sind bei gynäkologischen Untersuchungen das oberste Gebot. Auch während der Kalbung sollte auf Sauberkeit und eine optimale Umgebung geachtet werden.

Homöopathische Behandlung

Arnica: Verringert die Gefahr von Blutungen und Infektionen, kann auch während oder kurz nach der Geburt gegeben werden.
Caulophyllum: Das „homöopathische Wehenmittel" erleichtert und beschleunigt die Geburt, gut in Kombination mit Pulsatilla zur Geburtsvorbereitung und -einleitung, in den letzten zwei bis drei Wochen vor dem Kalbetermin geben. Nicht in zu großem Zeitraum vor dem errechneten Termin geben, da es auch wehenauslösend wirken kann.
Cimicifuga: Besonders bei älteren, ängstlichen und aufgeregten Tieren zur Beruhigung geben, bei Bedarf schon einige Tage vor dem Kalbetermin.
Pulsatilla: Besonders vor der ersten Geburt oder bei jungen Kühen mit Schwäche der Wehen, bei verzögertem Geburtsbeginn oder lang andauernder Geburt bei der vorausgegangenen Kalbung.

Abort

Ein Verkalben oder Abort bedeutet, dass das Kalb vor dem Ende der Trächtigkeit ausgestoßen wird. Je nach dem Zeitpunkt des Absterbens der Frucht kommt es zu einer Resorption der Embryonen oder zum Eintrocknen. Nur selten gehen die Früchte mit ihren Hüllen ab. Der Fruchttod muss nicht immer krankhaft sein und behandelt werden, da auch eine natürliche Regulation im Hinblick auf Mehrlingsträchtigkeiten oder Fehlbildungen möglich ist. Fütterungsfehler und daraus resultierende Stoffwechselerkrankungen sind ebenso mögliche Ursachen, ebenso Infektionen, Stress oder Vergiftungen.

Abgestorbene Früchte können sich zersetzen und faulen, wodurch ein übel riechender Scheidenausfluss und eine Folgeerkrankung entstehen kann. Tritt das Absterben zu einem späteren Zeitpunkt der Trächtigkeit ein, kommt es zum Abort des toten Kalbes oder zur Geburt lebensschwacher Kälber.

Homöopathische Behandlung

Viburnum opulus: Als allgemeines Krampfmittel soll es Fehlgeburten verhindern, die zum Teil in sehr frühen Trächtigkeitsstadien vorkommen.
Caulophyllum oder **Secale cornutum:** Bei drohendem Abort aufgrund einer Uterusschwäche.
Cimicifuga: Bei Neigung zu Frühaborten in der ersten Trächtigkeitshälfte.

EXTRA-TIPP

Aborte können Sie möglicherweise durch die Gabe von Nosoden vorbeugen, wenn die Aborte von Erregern verursacht werden. Beispielweise Chlamydien-, Leptospirose-, Listeriose- oder Salmonellen-Nosode in einer Hochpotenz zweimal mit zweitägigem Abstand und Wiederholung nach einem halben Jahr geben. Auch bei eingetretenen Aborten zweimal täglich zur Nachbehandlung. Allgemein vorteilhaft ist die stärkende Gabe des jeweiligen Konstitutionsmittels in einer Hochpotenz in einem Zeitraum von etwa einem Monat vor dem voraussichtlichen Kalbetermin.

Scheiden- und Gebärmuttervorfall

Die Ursache für einen Vorfall liegt in der Erschlaffung des Stützgewebes der Beckenregion, die besonders bei älteren Tieren und zu gutem Ernährungszustand vorkommt. Auch Mehrlingsträchtigkeiten, frühere Schwergeburten, schlechte Haltungsbedingungen, Durchfall, Verletzungen und Entzündungen des Tieres sind mögliche Auslöser. Oft tritt ein **Scheidenvorfall** ein bis zwei Wochen **vor** dem Kalbetermin auf. Ein **Gebärmuttervorfall** kann nach Normal- oder Schwergeburt auftreten, meist in Verbindung mit einer Mehrlingsträchtigkeit, Wehenschwäche und Überfütterung. Durch die Erschlaffung der Gebärmutter und dem weitgestellten Gebärmutterhals, unterstützende Bauchpresse und Sogwirkung durch das Herausgleiten des Kalbes kommt es dann zum Vorfall.

Homöopathische Behandlung

Aletris farinosa: Alle dreißig Minuten verabreichen oder in lauwarmen Wasser auf den Uterus geben zur leichteren Zurückverlagerung der Gebärmutter, die Tiere sind müde und schwach.
Aurum metallicum: Bei vergrößertem oder vorgefallenem Uterus.
Caulophyllum: In lauwarmem Wasser aufgelöst auf den vorgefallenen Uterus geben, damit er sich besser reponieren lässt; eine Tiefpotenz oral zur Regulation des Uterustonus.
Cimicifuga: Besonders bei älteren und ruhelosen Tieren mit Neigung zu Prolaps.
Fraxinus americanus: Gilt als „homöopathischer Pessar“.
Heloinas dioica: Bei Schwäche und Tendenz zu Prolaps, bei Lageanomalien des Uterus, besonders wenn das Euter geschwollen ist.
Lilium tigrum: Bei beginnendem Uterusprolaps, bei Prolaps mit anhaltendem Drang auf Blase und Darm, bei Scheidenvorfall mit umgestülpter Blase, die sich zunehmend füllt.
Pulsatilla: Bei Uterusvorfall, beschleunigt die Zurückbildung des Uterus.
Sabina: Hohe Potenz vermindert die Kontraktion der Uterusmuskulatur und beruhigt die Nachwehen.
Sepia: Bei mangelnder Elastizität und Schwäche des Bindegewebes zur Stabilisierung der Gebärmutter, Erschlaffung und Herabhängen der Beckenorgane und bei Scheidenvorfall, besonders bei älteren Tieren Erschlaffung von Bändern und Sehnen, Verschlimmerung der Beschwerden nach der Futteraufnahme.

Silicea: Zur Nachbehandlung der Erkrankung und Kräftigung des Gewebes.

TIPP

Bei Prolaps nach einer Schwergeburt kann die Kombination von Einzelmitteln **Arnica**, **Hypericum** und **Rhus toxicodendron** hilfreich sein.

Unvollständige Öffnung des Muttermundes

Eine unvollständige Eröffnung lässt die Fruchtblase trotz Wehen nicht in die Scheide eintreten. Die Geburtsanzeichen sind normal, doch die Geburt zeigt keine Fortschritte. Dadurch kann eine Umkehrung bzw. ein Vorfall des Scheidengewebes entstehen oder der Uterus reißt, die Fruchthüllen können platzen und die Kälber absterben. Dies tritt besonders bei Mehrlingsmuttern oder bei Trächtigkeit mit einem sehr großen Kalb, bei verfetteten oder überfütterten Kühen auf.

Homöopathische Behandlung

Belladonna: Bei heftigen und krampfartigen Schmerzen, krampfhaften Zuständen am Gebärmuttermund, der sich heiß anfühlt, Wehen kommen und hören plötzlich auf, ohne dass die Geburt fortschreitet, Überempfindlichkeit der Tiere.
Caulophyllum: Bei rigidem (steifem und starrem) Muttermund und Zittern ohne Geburtsfortschritt, das Tier ist erschöpft und ärgerlich, aggressiv gegenüber Fremden.
Chamomilla: Uteruskrämpfe, Kolik während dem Kalben, ungeduldige und bösartige Muttertiere, unruhig und überempfindlich gegenüber Schmerzen, duldet keine Berührung.
Cimicifuga: Besonders bei älteren Tieren, bei ruhelosen und geschwächten Tieren, unkoordinierte Wehen bei geschlossenem Muttermund, Verkrampfung.
Gelsemium: Niedrige Potenzen regen Gebärmutter an, helfen bei Verkrampfung von Uterus und Zervix, erst zeigen sich effektive Wehen, die dann ausbleiben bis hin zur Wehenschwäche, Tier ist nervös oder schwach und apathisch.
Pulsatilla: Durch die durchblutungssteigernde und östrogenartige Wirkung zur Erweichung der Geburtswege.
Veratrum album: Bei gleichzeitiger Kreislaufschwäche mit Kollapsneigung.

Wehenschwäche

Auf eine Wehenschwäche lassen im Gegensatz zu einer unvollständigen Öffnung der Zervix kaum erkennbare Geburtsanzeichen, keine Wehenauslösung selbst bei manueller Untersuchung, geöffneter Gebärmutterhals, jedoch nicht eintretende Früchte schließen.

Die Ursache kann in der Verfettung des Tieres, zu wenig Bewegung oder Erschöpfung unter der Geburt liegen.

Homöopathische Behandlung

Belladonna: Ältere Kühe mit schmerzhaften und unregelmäßigen Wehen, langer Erschöpfungsphase, Tiere sind unruhig und überempfindlich, brüllen vor Schmerzen, auch Schweißausbrüche möglich.
Caulophyllum: Wehenauslösende Wirkung, wenn die Wehen vor Erschöpfung und Schmerzen ausfallen („homöopathisches Wehenmittel“!), normalisiert unruhige Wehen, krampfartige Wehen werden gemildert, das Tier ist erschöpft, ärgerlich und aggressiv.
Cimicifuga: Bei unkoordinierten Wehen und gleichzeitig noch geschlossener Zervix, besonders bei älteren Tieren, die aggressiv und nervös sind.
Gelsemium: Anregung der Wehentätigkeit, vor allem bei übertragenen Kälbern oder Aussetzen der Wehen, wenn die Tiere Angst und Unruhe zeigen, obwohl sie vorher langsam und faul erscheinen.
Nux vomica: Unruhige und zornige, sehr

empfindliche Kuh, reagiert auf Störungen mit Wehenpause, Wehen mit Krämpfen und mit Kot- und Harnabgang, unregelmäßige Wehen.
Pulsatilla: Verstärkt die Durchblutung des Uterus und die Wehen, regt schwache und unregelmäßige Wehen wieder an, bei großen Wehenpausen, die Kuh ist eher sanft und freundlich, bleibt ohne Reaktion auf Zervixerweiterung, frisst ruhig weiter.
Sabina: Fördert die Durchblutung, Wehentätigkeit und Kontraktion des Uterus.
Secale cornutum: Lässt den Uterus kontrahieren, unterstützt die Wehentätigkeit. Gut in Kombination mit Sabina, das Tier erscheint eher alt, mager und frostig und hat eventuell dunkle und passive Blutungen vor der Geburt.

Verletzung der Geburtswege

Im Bereich der Geburtswege können bei übergangener Geburt, großen Kälbern oder unsachgemäßer Geburtshilfe Verletzungen der Weichteile oder der knöchernen Anteile entstehen.

Homöopathische Behandlung

Bellis perennis: Bei Verletzung der Gebärmutter und des Gebärmutterhalses, die Teile sind geschwollen, weich und bluten leicht.
Caulophyllum: Bei passiven Blutungen nach der Geburt mit zitternder Schwäche.
Millefolium: Nach mechanischer Verletzung hellrote Blutung.
Pyrogenium: Als Vorbeuge bei schweren Verletzungen, wenn Infektionsgefahr.
Sabina: Bei hartnäckigem, starkem und stoßweisem Bluten, verstärkt in der Bewegung, Verlust des Muskeltonus der Gebärmutter, Blut mit geronnenen Klumpen, in hoher Potenz.
Secale cornutum: Bei kleineren Blutungen, dunkelrotes, passiv austretendes Blut, das nicht zu stillen ist, besonders bei noch offen stehendem Muttermund, gelockertem Gewebe und erschlafften Gefäßen.
Ustilago maydis: Dunkles Blut, atonische und kraftlose Gebärmutter, Muttermund und Gebärmutterhals weich und schwammig, Blutung bei der kleinsten Berührung.

> **EXTRA-TIPP**
>
> China ist „das" Mittel zur Erholung des Tieres nach großen Blut- oder Flüssigkeitsverlusten, wenn es sehr geschwächt ist und die Schleimhäute blass und kalt erscheinen.

Nachgeburtsverhalten, Retentio secundarium

Ein Verhalten der Nachgeburt liegt vor, wenn die Plazenta in einem bestimmten Zeitraum gar nicht oder nicht vollständig abgeht. Dies kann ernsthafte Folgen haben, weil sich die Gewebsreste zersetzen und damit eine Entzündung oder Blutvergiftung verursachen können. Ein Nachgeburtsverhalten tritt selten nach einer Normalgeburt auf, eher nach einem Abort oder einer übergangenen Geburt mit Infektion. Ebenso kann eine Futterallergie, Mangelerkrankung oder Überfütterung auslösend sein. Betroffene Tiere zeigen verminderte Futteraufnahme, gestörtes Allgemeinbefinden, oft noch normale Körpertemperatur. Aus der Scheide hängen Teile der Nachgeburt und es erscheint Ausfluss.

Homöopathische Behandlung

Belladonna: Im Anfangsstadium der fieberhaften Entzündung. Gut in Kombination mit Lachesis.
Caulophyllum: Bewirkt Kontraktion des Uterus zum Abstoßen der Nachgeburt, gut in Kombination mit Sabina, auch vorbeugend geben.
Cimicifuga: Wirkt unterstützend auf den Abgang der Lochien, bei Fieber und Milchmangel nach Erregung und Kälte. Auch als Vorbeuge nach Schwergeburt oder nach Verzögerung der Kalbung zur Förderung des Abgangs der Nachgeburt geben.

Echinacea: Zur Steigerung der körpereigenen Abwehr, bei Eiterung und Sepsis mit übel riechendem Ausfluss.
Lachesis: Bei stinkendem Ausfluss, noch gutem Allgemeinbefinden und unruhigen Tieren, plötzliches Absinken der Milchleistung vor Auftreten anderer Symptome.
Pulsatilla: Steigert Durchblutung und Wehentätigkeit des Uterus, Ausfluss ist serös bis schleimig, gelb bis grünlich.
Sabina: Dient zur Vorbereitung der Abnahme der Nachgeburt, da die Durchblutung und Kontraktion des Uterus verstärkt werden.
Secale cornutum: Verstärkt die Kontraktion der Gebärmutter bei mangelnder Rückbildung. Gut in Kombination mit Sabina, das als Zwischenmittel gegeben werden kann.
Sepia: Dient der Stabilisierung der Gebärmutter und Straffung der Bänder, wodurch die Nachgeburt besser abgehen kann, bräunlicher Ausfluss, Urin ist trüb und rötlich.

Entzündung der Gebärmutterschleimhaut, Endometritis puerperalis

Eine Entzündung der Gebärmutterschleimhaut kann nach Nachgeburtsverhalten oder einer Stauung der Lochien in der Gebärmutter entstehen. Ursächlich liegt meist eine Schwäche des Bindegewebes und der Infektionsabwehr zugrunde. Nach dem Kalben ist eine massive mikrobielle Besiedlung möglich, die in eine Entzündung übergeht. Meist treten in Verbindung eine Entzündung der Schleimhaut des Zervixkanals und eine Eiteransammlung in der Gebärmutter (Pyometra) auf. In den ersten Tagen nach dem Kalben kommt es zu Fieber, Appetitverlust und Rückgang der Milchleistung. Der Ausfluss ist rötlich, dickflüssig und stinkt.

Homöopathische Behandlung

Bryonia: Der Zustand verschlechtert sich langsam und stetig, die Kuh will liegen, starker Druck bessert, der Ausfluss ist wenig und stinkend und die Schleimhäute sind trocken.
Calcium carbonicum: Der Ausfluss ist reichlich und dick, weiß oder gelblich und eitrig.
Calcium sulfuricum: Der Ausfluss ist reichlich und dick, von gelber Farbe, auch mit Blut und mit Brocken.
Caulophyllum: Unterstützt durch die Uteruskontraktion den Abgang des Wochenflusses und die Rückbildung des Uterus, bei beginnender Endometritis. Auch vorbeugend nach langer Geburt, Wehenschwäche und Nachgeburtsverhalten geben.
Cimicifuga: Wirkt unterstützend auf den Abgang der Lochien und die Heilung.
Echinacea: Zur Steigerung der Abwehrkräfte bei Entzündungen und Infektionen in der Akutphase. Besonders bei schweren Infektionen und Sepsis mit in die Kombination zu einem anderen Mittel zu nehmen.
Hepar sulfuris: Wichtiges Mittel bei Entzündungen mit Eiterungen und Schmerzhaftigkeit.
Hydrastis: Der Ausfluss ist weißlich bis gelb, dick und zäh bis schleimig und ähnelt dem bei Kalium bichromicum, er ist wund machend und stinkend, die Tiere sind mager, schwach und chronisch verstopft.
Kalium bichromicum: Bei zähem und gelblichen Ausfluss, der Fäden zieht, die lang und gummiartig aus der Scheide hängen.
Kreosotum: Bei brennender Entzündung und Blutung bei Berührung, alles sehr schmerzhaft, Ausfluss blutig, dunkel, wund machend und stinkend, auch Abgang von Brocken.
Mercurius solubilis: Mit weißem oder gelbgrünem Ausfluss, wund machend, der Scheidenbereich ist geschwollen und entzündet, auffallend ist extreme Berührungsempfindlichkeit, das Abdomen ist gebläht und dauernder Pressdrang.
Natrium chloratum: Der Ausfluss ist schleimig und eiweißartig, die Farbe weiß oder hellgrau, kommt in großen Mengen, die Kuh ist schwach und ausgetrocknet, hat guten Appetit und viel Durst, verlangt nach Salz oder lehnt es ganz ab.

Pulsatilla: Der milde Ausfluss ist gelb oder gelblich grün, auch weiß und rahmig.
Pyrogenium: Bei septischem Fieber und Unruhe, der Ausfluss stinkt stark, die Kühe haben Durst, manchmal stinkender Durchfall.
Rhus toxicodendron: Steifigkeit beim Aufstehen und zu Beginn der Bewegung, viel stinkender Ausfluss, Neigung zum Prolaps.
Sabina: der Ausfluss ist dick und gelb, eitrig und reichlich, stinkend, zur Steigerung der Durchblutung des Uterus. Gut in Kombination mit Lachesis.
Secale cornutum: Förderung der Kontraktion des Uterus, bei schlaffer Gebärmutter mit dunklem, blutigem und stinkendem Ausfluss, der nicht gerinnt, die Kuh ist eher alt und mager mit kalter Haut.
Sepia: Bei chronischer Gebärmutterentzündung mit gelbgrünem oder weißlichem Ausfluss, der übel riechend und wund machend ist, die Kühe sind mager und interessieren sich weder für ihr Kalb noch für ihre Umgebung, Neigung zu Vaginalprolaps, zu Festliegen und Verstopfung.
Silicea: Bei reichlich mildem Ausfluss, der stinkt, die Kuh ist mager und schwach.
Sulfur: Bei schwachem oder sehr starkem Ausfluss, Anus und Vulva sind gerötet und gereizt, das Tier ist im Gesamten schmutzig, müde und liegt viel.

Puerperalsepsis, Puerperalintoxikation

Oft kommt es nach übergangener oder gestörter Geburt, falscher Geburtshilfe oder Nachgeburtsverhalten zu einer allgemeinen Infektion und Sepsis, wenn die ersten Krankheitszeichen nicht bemerkt und behandelt werden. Wir haben die Symptome einer Allgemeininfektion, die durch eine konstante oder zeitweise Streuung der Krankheitserreger vom Herd der Gebärmutter in die Blutbahn entstehen. Es kommt zu Apathie, Futterverweigerung, Fieber, erschwerte Atmung, Haarausfall, Scheidenausfluss, Pansenatonie und Durchfall.

> **TIPP**
> Chronische Fälle sind am besten mit der Zugabe des Konstitutionsmittels zu den anderen Mitteln zu heilen.

Homöopathische Behandlung

Anthracinum: Bei septischen Entzündungen mit Blutungen, schwarz und dick wie Teer, übel riechend und sich schnell zersetzend.
Baptisia: Bei hohem Fieber, Mattigkeit und Benommenheit, bei septischen Infektionen mit stinkenden Absonderungen und Geschwüren.
Belladonna: Im Anfangsstadium einer fieberhaften Entzündung, starke Schmerzen der plötzlichen Erkrankung. Am Höhepunkt der Erkrankung geben und in Kombination mit anderen Mitteln.
Cimicifuga: Wirkt unterstützend auf den Abgang des Wochenflusses.
Caulophyllum: Fördert die Kontraktion des Uterus, die Abstoßung der Nachgeburt und die Rückbildung des Uterus.
Echinacea: Zur Steigerung der Abwehrkräfte, bei Eiterung und Sepsis-Symptomen.
Helonias dioica: Bei chronisch eitrigen Entzündungen, die Tiere sind erschöpft und depressiv.
Hepar sulfuris: Besonders zur Ausheilung chronischer Formen, bei verschleppten Erkrankungen, wenn Eiterung droht, eitrig-blutigem Sekret und Schmerzen.
Hydrastis: Als tief greifendes Schleimhautmittel bei chronischer Entzündung mit zähem, gelblichem und schleimigen Ausfluss.
Kalium bichromicum: Als Mittel der Entzündung der Schleimhäute. Gut in Kombination mit Hydrastis, bei zähem und eitrigem Ausfluss.
Lachesis: Infektion der Gebärmutter mit gutem Allgemeinbefinden, gestörte Laktation vor dem Auftreten anderer Symptome, Sep-

sisgefahr, nach Aas stinkender und blutiger Ausfluss.
Phosphorus: Wirkt stark auf den gesamten Stoffwechsel, alle Schleimhäute und auch auf die Leber, bei großer Berührungsempfindlichkeit, Schwäche und Kräfteverfall der Tiere, Blutungen in allen Geweben.
Pulsatilla: Steigert die Durchblutung und Heilungstendenz der Gebärmutter, fördert die Entleerung des Uterus, erkrankte Tiere sind auffallend durstlos.
Pyrogenium: Unruhe, Fieber und Zittern der Tiere, Blutvergiftung durch die Entzündung, schlechter Allgemeinzustand.
Sabina: fördert die Durchblutung und Kontraktion der Gebärmutter.
Secale cornutum: Lässt die Gebärmutter kontrahieren. Gute Kombination mit Sabina.
Sepia: Absonderung aus dem Uterus sind schleimig bis eitrig, manchmal blutig, übel riechend, Erschlaffung und Herabhängen der Beckenorgane, vor allem bei der passenden Konstitution, bei chronischen Entzündungen älterer Tiere.
Tarantula cubensis: Bei allerschlimmsten Entzündungen und Eiterungen sowie bei Blutvergiftung.

TIPP

Kombination in chronischen Fällen: **Sepia** mit **Hydrastis** und **Helonias dioica**.

Erkrankung des Euters

Das Euter besteht aus einem Drüsenkörper mit Alveolen, Milchgängen, einem Drüsen- und Zitzenteil der Milchzisterne und der Zitze mit einem Strichkanal. Das Rind hat auf jeder Seite zwei Milchdrüsenkomplexe oder Viertel: das Vorder- oder Bauchviertel und die Hinter- oder Schenkelviertel. Das Euter benötigt zu seiner Versorgung etwa 300 Liter Blut in der Stunde und hat ein großes Blutgefäß- und auch Lymphsystem. Die Milchproduktion findet den ganzen Tag über statt, wobei in den Drüsenzellen die Bausteine aus dem Blut zu Milch umgebaut werden.

Blutmelken

Bei frischmelkenden Kühen kann es bei der ersten Kalbung zu einer Blutbeimischung in der Milch kommen, die meist nach ein bis zwei Wochen alleine verschwindet. Krankhafte Blutbeimischungen kommen durch Fehler in der Melkanlage, durch Verletzungen, Infektionserkrankungen oder Medikamente zustande.

Meist fallen das Aussehen und die Farbe der ermolkenen Milch auf, die durch das Blut rosa verfärbt ist.

Homöopathische Behandlung

Arnica: Bei Blutbeimischung nach einer Verletzung.
Belladonna: Bei heißem und prallem Euter sowie hellem Blut.
Bellis perennis: Bei Blutung nach Verletzung des Euters.
Hamamelis: Bei dunklem Blut.
Ipecacuanha: Bei hellem Blut in der Milch.
Lachesis: Bei dunklen und hämolytischen Blutungen.
Millefolium: Bei hellen Blutungen.
Phosphor: Als allgemeines Blutungsmittel.

Zwischenschenkelekzem, Euter-Schenkel-Dermatitis, Intertrigo

Meist sind Erstlingskühe innerhalb der ersten Wochen nach dem Kalben betroffen.

Oft haben diese Kühe ein Euterödem und hohe Milchleistung mit einem prall gefüllten Euter, wobei nun die Hautflächen von Euter und Schenkel ständig aneinander reiben. Eine Besiedlung mit Keimen folgt der mechanischen Beanspruchung. Die Erkrankung wird gefördert durch hohe Luftfeuchte, Nassreinigung des Euters, schlechte Haltungsbedingungen oder Zugluft.

Die anfänglichen Symptome werden leicht übersehen und erst bei der Infektion und Austritt von Sekret fällt das Ekzem auf. Das Allgemeinbefinden ist in leichten Fällen unbeeinträchtigt, bei folgenden Geschwüren kommt es auch zu Fieber und auffallendem Verhalten.

Homöopathische Behandlung

Calcium carbonicum: Bei schlechter Wundheilung und Vereiterung, geschwollene und empfindliche Euter.
Graphites: Klebriger Ausschlag und Entzündung in Hautfalten, jede Verletzung entzündet sich und sondert klebrige, schmierige, dünne Flüssigkeit ab, Euter geschwollen und hart, auch bei rissigen Zitzen.
Rhus toxicodendron: Rote, geschwollene Haut mit Bläschen, auch eiternd, Ekzeme mit Neigung zur Schuppenbildung.
Silicea: Bei lang anhaltender Vereiterung und Entzündung, stinkender Eiter, auch wunde Zitzen, Eutergeschwüre oder Euterknoten.
Sulfur: Eiternde Haut und Ausschlag vor allem in den Hautfalten, besonders in der Wärme und in Feuchte.

TIPP

Kombination von Einzelmitteln: **Graphites** mit **Rhus toxicodendron** und **Silicea** zu gleichen Teilen, wenn Einzelmittel nicht helfen.

Euter- und Strichverletzung

Verletzungen können durch Stacheldraht der Weideumzäunung, durch Tritte anderer Tiere, Bisse oder Stürze entstehen und durch eine bakterielle Sekundärinfektion verschlimmert werden. Besonders gefährdet sind Kühe mit sehr großem Euter, Hänge- oder Stufeneuter und großen Zitzen. Auch die Art der Aufstallung ist für die Verletzungshäufigkeit entscheidend sowie Begleiterkrankungen, die die Beweglichkeit der Tiere verschlechtern. Problematisch sind die Verletzungen, wenn sie die Ursache für eine Euterentzündung darstellen und die Melkarbeit erschwert wird.

Meist kommen Verletzungen an den Zitzen vor, seltener an der Euterhaut. Ist die Verletzung des Euters sehr tief, fließt auch Milch aus der Wunde. Je nach der Stärke und Tiefe der Wunde kommt es zu einer Blutung und Anschwellung in diesem Bereich, zu Schmerzhaftigkeit und einer Entzündung.

Homöopathische Behandlung

Argentum nitricum: Bei Entzündungen des Strichkanals, wenn der Schließmuskel entzündet und hart ist, beim Abtasten fühlt es sich wie ein Streichholz darin an.
Arnica: Bei Strichverletzung oder auch Quetschung, die Verletzung ist geschwollen und schmerzhaft.
Bellis perennis: Nach Arnica geben, wenn Blutmelken nach Verletzung eintritt.
Calendula: Bei tiefer Wunde, die sich entzündet, auch Einriss oder Teilabriss.
Conium: Bei verhärteter Zitze, keine äußere Verletzung sichtbar, oft als Folge einer Trittverletzung.
Hypericum: Bei Verletzung des Schließmuskels, auch bei hartnäckiger Schwellung und vorbeugend beim Setzen von Euterkanülen.
Staphisagria: Bei einer glatten Schnittverletzung ohne schwere Entzündung, auch nach Operation, beugt einer Verklebung vor.

EXTRA-TIPP

Heilsam ist ein Zitzenbad aus Calendula-Essenz im Verhältnis 1:10. Bei rissigen und sehr trockenen Zitzen kann das Mittel **Castor equi** eingesetzt werden. Bei schmerzhaften sowie rissigen Zitzen und passender Konstitution kann **Graphites** wirksam sein und bei schmutzigem Aussehen der schrundigen Zitzenhaut **Petroleum**.

Euterpocken, Pseudokuhpocken, falsche Pocken

Die Euterpocken zählen zu den Virusinfektionen, die besonders im Frühjahr und Herbst auftreten und auf den Menschen übertragen werden können. Hier kommt es zu knotenförmigen Hautveränderungen an den Händen, den **Melkerknoten**.

Meist schleppen zugekaufte Tiere den Virus in die Herde, der eine Erkrankung der Euter-und Zitzenhaut auslöst.

Am Anfang stellt man ein Ödem und Erythem der Zitzenhaut fest, aus dem sich innerhalb von zwei Tagen unregelmäßige, gelbliche Papeln bilden. Diese trockenen aus und verschorfen, heilen ab und lassen ringförmige Erosionen zurück. Nach zwei bis drei Wochen ist die Infektion meist ohne Narben ausgeheilt.

EXTRA-TIPP

In manchen Betrieben machen **Warzen an den Zitzen** Probleme. Hier kann man bei der passenden Konstitution die Mittel **Calcium carbonicum**, **Sulfur** oder **Lycopodium** versuchen. **Thuja** kann bei Warzen mit unregelmäßiger, blumenkohlartiger Oberfläche helfen, wobei die Warzen leicht bluten oder nässen. **Antimonium crudum** passt bei Warzen mit unterschiedlichem Aussehen, die sehr schmerzen. Bei der Warzenbehandlung ist es entscheidend, die Gesamtheit des Tieres zu beobachten und das ausgewählte Mittel über eine längere Zeit ein- bis zweimal wöchentlich zu geben bis die Warzen eintrocknen und ausheilen. Möglicherweise kann man die Therapie mit einer stalleigenen Nosodentherapie begleiten und verstärken.

Homöopathische Behandlung

Antimonium crudum: Passt besonders zu den typisch papulösen und pustulösen Hautsymptomen, nässende Knötchen mit rotem Rand, das abgesonderte Sekret ist honigartig und gelblich klebend, bei trockener Haut, möglich nach Verdauungsproblemen, Fütterungsfehler und bei wohlgenährten Tieren.

Apis: Als Anfangsmittel bei Papeln mit hellem Hof.

Asterias rubens: Juckende Flecken und stinkendes, jauchiges Sekret, auch geschwollener und harter Euter.

Borax: Schmerzhafte Ulzera, die sich langsam entwickelt, aber schlecht heilt, unregelmäßiges Auftreten und weiche Krusten, oft auf alten Narben.

Cantharis: Bei Bläschenausschlag mit großen Schmerzen, oft auch Blasenreizung und Unruhe.

Causticum: Wunde Hautfalten, schlecht heilende Verletzungen, schmutzig weiße Farbe.

Crotalus horridus: Die Haut ist geschwollen und verfärbt, gespannt und mit Blasen, Blutungen, die nicht gerinnen.

Croton: Bläschen mit Flüssigkeit, die zusammenfließen, sehr jucken und dann schmerzen, sich entzünden und schleimige Absonderungen entwickeln.

Graphites: Bei klebrigen und nässenden Krusten, die weiß oder gelblich sind, weniger schmerzhaft.

Hepar sulfuris: Bei kleinen Blasen und Eiterung, sehr schmerzhaft bei Berührung, auch leicht blutende Geschwüre und chronisch wiederkehrende Ausschläge.

Kalium bichromicum: Bei kraterförmigen Pusteln mit scharfem Rand, gelblichem Grund und gelbliche Absonderung.

Lachesis: Die Papeln verfärben sich bläulich violett, die Bläschen werden härter und brechen auf.

Mancinella: Bläschenartiger oder pustulöser Ausschlag mit großer Ausdehnung, gerötet und ulzerierend, Sekret ist scharf und bildet kleine Bröselchen.

Mercurius solubilis: Bei feuchter Haut und Ausschlag oder Geschwüren, die unregelmäßig sind, gelb-braune Krusten, viel Eiter und Jucken.

Rhus toxicodendron: Bei Erkrankung in der kalten und nassen Jahreszeit, Entzündung der Zitzenhaut, Bläschen mit Brennen, Eiterung und Nässen.
Ranunculus bulbosus: Bei Pusteln und vorrangigem Euterbefall.
Tarantula cubensis: Bei Bläschen und Pusteln sowie auffallender Unruhe des Tieres.
Thuja: Trockene Haut mit Ausschlag, Flecken, sehr berührungsempfindlich, feuchte Schleimhautknötchen, rasche Erschöpfung und Abmagerung.
Variolinum oder **Vaccininum, Vaccinotoxinum:** Bei Herdenproblematik als Nosodentherapie hilfreich, als Zwischenmittel oder zur Vorbeugung einige Male verabreichen.

Euter- oder Geburtsödem

Ein Euterödem entwickelt sich im Zeitraum um das Kalben und bildet sich dann ohne Behandlung innerhalb von ein bis zwei Wochen zurück. Die Schwellung kann auch übermäßig stark werden und erschwert dem Tier die Bewegung und die Melkbarkeit.

Das Geburtsödem bildet sich durch die Wirkung des Hormons Östrogen, Stauungsödeme durch Probleme des Kreislaufs. Ein entzündliches Ödem kann sich bei einer akuten Mastitis oder bei einer infizierten Verletzung entwickeln, auch nach Insektenstichen oder einer Hautentzündung.

Das Ödem kann sich auf den Euter beschränken, aber sich auch auf den Unterbauch ausdehnen, besonders ausgeprägt ist dies bei Erstkalbinnen. Die Anzeichen einer Entzündung fehlen jedoch. Große Ödeme können zu einem Ekzem zwischen Euter und Schenkel oder zu Verletzungen führen. Bei längerem Bestehen des Ödems kommt es zu einer bindegewebigen Verhärtung, die zu einem Steineuter führen kann.

Homöopathische Behandlung

Acidum aceticum: Die Haut ist geschwollen und ödematös, geschwollenes und schmerzhaftes Euter, großer Durst.
Apis: Das bewährteste Mittel bei allen Unterhautödemen, bei Empfindlichkeit gegen Berührung, auffallend sind das Fehlen von Durst und Besserung durch Kälte.
Apocynum canabinum: In tiefer Potenz als Diuretikum vor dem Kalben und in hartnäckigen Fällen. Auffallend ist großer Durst und Verschlechterung durch Kälte – also das Gegenteil von Apis.
Bellis perennis: Bei einer lang anhaltenden Schwellung und stark gestauten Venen.
Helonias: Geschwollener Euter mit schmerzhaften Zitzen, das Tier ist schwach und zeigt Neigung zu Prolaps.
Pulsatilla: Bei Tieren, die in besonders guter Körperverfassung beim Kalben sind, das Ödem wechselt zwischen rechts und links, möglicherweise sieht es marmoriert aus und die Milch leicht rosa.
Urtica urens: Bei schmerzhaft gestautem Euter mit wenig Milch beim Kalben.
Achtung: Niedrige Potenzen regen die Milchleistung an und hohe Potenzen hemmen diese eher!
Vipera: Bei großen Schmerzen und Berührungsempfindlichkeit, auch bei Thrombophlebitis der Eutervene.

TIPP

Chronische Ödeme beruhen auf tiefgreifenden Problemen und können am besten über das passende Konstitutionsmittel behandelt werden.

EXTRA-TIPP

Achten Sie besonders auf die Salzfütterung! Entweder ganz auf Salz verzichten oder Natursalz verwenden. Den Kaliumgehalt in der Ration eher niedrig halten (wenig Rüben, Leguminosen, Vorsicht bei der Mineralstoffmischung).

Euterentzündung, Mastitis

Dies ist eine wirtschaftlich sehr verlustreiche Erkrankung, die durch verschiedene Faktoren verursacht wird. Bei der Auswahl der Mittel sollte bei einer akuten Euterentzündung mit gestörtem Allgemeinbefinden die Auswahl der Mittel besonders im Hinblick auf die allgemeinen Symptome ausgerichtet sein. Eine subklinische Entzündung zeigt meist unauffällige Lokalsymptome – hier hilft vor allem das passende Konstitutionsmittel, da diese die chronische Erkrankung besser erfasst. Herdenprobleme mit erhöhter Zellzahl oder starkem Auftreten von Staphylokokkus aureus machen oft den Einsatz von Mitteln zur Anregung der Reaktion oder Nosoden sinnvoll.

Homöopathische Behandlung

Aconitum: Plötzlicher Krankheitsausbruch mit hohem Fieber, der Puls ist hart und voll, beginnende Schwellung des Euters mit Wärme, Initialstadium der Erkrankung, noch nicht manifeste Mastitis und noch kein verändertes Sekret, die Tiere sind nervös, ängstlich und unruhig, Krankheitsfälle besonders nach kaltem und trockenem Wind, lindert die Spannung und Unruhe. Wirkt besonders bei kräftigen und robusten Tieren.

Apis: Bei ödematöser Schwellung und Rötung mit Schmerzhaftigkeit, gestaute Eutervene, auch mit Fieber, Tiere zeigen keinen Durst, Sekret ist dickrahmig, besonders gut bei Erstlingsmuttern. Gut in Kombination mit Belladonna.

Arnica: Bei Mastitis als Verletzungsfolge und mit Bluterguss, auch mit blutiger Sekretion, Berührungsangst des Tieres.

Asa foetida: Bei akuter oder subakuter Mastitis ohne (!) Rötung und Schwellung, aber mit Schmerzhaftigkeit, deutliche Venenzeichnung am Euter, Milch wird aufgehalten, ist wässrig, stinkend und grünlich, ungestörte Fresslust, oft gleichzeitig mit eitriger Gebärmutterentzündung, in subakuten Fällen zur Steigerung der Milchproduktion.

Belladonna: Akute und fieberhafte Form nach der Geburt, plötzlicher Milchrückgang bei akuter roter Schwellung und Vergrößerung des Euters, Schmerzhaftigkeit, Sekret ist milchig bis wässrig und flockig, in der Krise und am Höhepunkt der Entzündung. Mittel kommt nach Aconitum, der Krankheitsprozess ist jetzt weiter entwickelt.

Bryonia: Bei akuter Mastitis im Anfangsstadium, mit Fieber und Rötung, harte Schwellung des Euters, kein Ödem, Sekret ist wässrig, auch bei langsamer Krankheitsentwicklung und bei fortgeschrittenen Fällen, wenn keine Fibrosen im Euter festzustellen sind, Vermeidung jeder Bewegung aufgrund der sehr großen Schmerzhaftigkeit, Druck verbessert wie auch Liegen auf der erkrankten Seite, viel Durst auf große Mengen Wasser.

Calcium fluoratum: Bei Verhärtung des Euters mit Knoten, kernige oder verhärtete Geschwülste, mit Besserung der Beschwerden in der Wärme.

Calcium sulfuricum: Im verhärteten Euter sind strangartige Stellen, das Sekret ist gelblich und flockig, auch blutig, Eiterungsprozesse und Abszesse im Euter, es wirkt tiefer als Hepar sulfuris.

Carbo vegetabilis: Fleckige Entzündung des Euters mit Verhärtung, erhöhte Infektanfälligkeit.

Cistus canadensis: Bei harter Schwellung und Entzündung des Drüsengewebes, Tier ist kälteempfindlich.

Coffea: Bei Festliegen des Tieres, Pansenstillstand und trockenem Kot, blauer Verfärbung des Euters und Schmerzhaftigkeit. Zur Stärkung von Herz und Kreislauf sowie der körpereigenen Abwehr bei Bedarf mit in Mittelkombination geben.

Conium maculatum: Bei subakuter und chronischer Mastitis mit steinharter Schwellung oder hartem, kleineren Knoten, besonders nach Schlag oder Verletzung und vor allem rechts, Milch ist dünn bis wässrig, außerordentliche Schmerzhaftigkeit, nicht so akut wie Phytolacca.

Echinacea: Bei allen Mastitiden mit in Kombination geben zur Steigerung der körpereigenen Abwehr. Bei septischen Zuständen und Infektionen mit stinkenden Absonderungen.
Hepar sulfuris: Bei akuter Mastitis mit eitrigem Sekret, beginnender Abszedierung und Schmerzhaftigkeit, fördert die Ausscheidung des eitrigen Sekretes und die Reifung des Abszesses, bei chronischer oder rezidivierender Mastitis mit Schwellung ohne Rötung und Knoten, nicht mehr mit Schmerzen, Sekret ist rahmiger, gelber Eiter. D30 zur Ausheilung am Ende der Behandlung geben.
Lachesis: Bei akuter Mastitis mit Fieber und gutem Allgemeinbefinden, septischer Verlauf der Entzündung, eher linksseitig, erkrankter Euter ist sehr schmerzhaft und bläulich verfärbt, oft glänzende Haut, Euter geschwollen und gerötet, bläuliche Zitzen, auch bei Folgen von Zitzenquetschung. Wichtig ist, dass die Milchleistung zurückgeht ehe die Krankheit ausbricht!
Mercurius solubilis: Bei subakuter und chronischer, verschleppter Mastitis mit starker Schwellung und eitriger Entzündung, auch Neigung zu Blutungen, große Schmerzhaftigkeit, Euter scheint zu spannen und zeigt großknotige Verhärtungen, weniger Schmerzen als Hepar sulfuris, Tiere sind in guter Kondition, nervös, aber dominant.
Nitricum acidum (Acidum nitricum): Chronische Mastitis bei ungestörtem Allgemeinbefinden, zeitweise Veränderung der Milchbeschaffenheit, Knoten im Gewebe.
Phellandrium: In frühem Stadium der Mastitis anwenden, Schmerzhaftigkeit, fördert die Sekretion und Ausscheidung der Sekrete. Mittel ist eine gute Ergänzung zu Phytolacca.
Phosphorus: Bei subakuter und rezidivierender Mastitis mit gespanntem Euter, keine Schmerzhaftigkeit und sichtbaren Milchveränderungen, eventuell etwas Blut in der Milch, Milchmangel oder Zurückhalten der Milch, bei Mastitis durch Zugluft.
Phytolacca: Bei akuter, subakuter oder chronischer Mastitis mit Schwellung und Verhärtung, die heiß und schmerzhaft ist, Sekret ist zäh und eingedickt, kaum zu melken, gelblich bis eitrig, Tiere sind unruhig und schwach, eventuell Fieber, Müdigkeit und Durchfall, Ursache liegt in Stauung der Milch. Tiefe Potenz zum Trockenstellen, D12 bei Mastitis bewährt!
Pyrogenium: Bei akuter Euterentzündung mit septischem Verlauf, innerhalb von zwei bis drei Stunden wird die Milch trüb, braun und flockig, später auch stinkend, Inappetenz und hohes Fieber mit niedrigem Puls und umgekehrt, die Tiere zittern und zeigen schlechtes Allgemeinbefinden, Euter wenig geschwollen und wenig schmerzhaft.
Silicea: Bei subakuter und chronischer Mastitis, bei erhöhter Zellzahl, weniger Schmerzen, sichtbar unveränderte Milch, zur Ausheilung von Abszessen und Eiterherden, zur Nachbehandlung von Hefemastitiden geben, bei allgemeiner Schwäche und schlechter Heiltendenz.
Staphylokokken-Nosode: Bei einer Staphylokokken-Mastitis einmal wöchentlich in gefährdeten Beständen verabreichen, in Hochpotenz.
Streptokokken-Nosode: Bei Streptokokken-Mastitis einmal wöchentlich in gefährdeten Beständen verabreichen, in Hochpotenz.
Sulfur: Als Reaktionsmittel für Euterentzündung, die nicht heilt, und für chronische Fälle, bei verringerter Milchproduktion, Euter heiß und entzündet mit knotiger Verhärtung im Innern, Mastitis nach vorzeitigem Versiegen der Milch.
Tuberculinum: Bei hartem Euter mit vielen knotigen Veränderungen, Milch ist dünn und wässrig, die Tiere verlieren Gewicht und sehen schlecht aus, in Hochpotenz geben.
Urtica urens: Bei akuter Mastitis mit Ödem, das plaqueartig bis zum Damm reichen kann.
Achtung: Tiefe Potenzen von Urtica verringern die Milchmenge, hohe Potenzen regen

sie an und bauen die Ödeme ab, also Biphasigkeit des Mittels!

EXTRA-TIPP

Zur Unterstützung des **Trockenstellens** können Sie die Mittel Urtica urens in hoher Potenz oder Phytolacca in tiefer Potenz versuchen. Auch möglich sind Lac caninum, Pulsatilla, Salvia.

Kälberkrankheiten

Asphyxie der Neugeborenen, Atemnotsyndrom, Geburtsazidose, Hypoxie

Hier handelt es sich um einen Sauerstoffmangel und eine Kohlendioxidanreicherung bei neugeborenen Kälbern. Der Begriff der Asphyxie beschreibt nur die Pulslosigkeit, was nicht ganz zutreffend ist. Sie ist die bedeutendste Ursache für Verluste bei den Kälbern in der ersten Lebensphase.

Die **Frühform** entwickelt sich bereits vor dem Kalben durch eine Störung im Gasaustausch, wenn durch eine Entzündung oder zu starker Wehen, durch Wehenschwäche oder fehlende Öffnung des Geburtsweges die Geburt stark verzögert wird. Die **Spätform** kommt nach einer Frühgeburt bei Kälbern mit unzureichender Lungenreife vor.

Die Krankheitszeichen variieren in Abhängigkeit von dem Grad und der Dauer der Atemnot. In leichten Fällen ist die Atemfrequenz erniedrigt und die Herzfrequenz erhöht, die Schleimhäute sind violett bis bläulich verfärbt. Schwer erkrankte Kälber haben keine Reflexe mehr, die Atmung ist schnappend, die Herztöne nur schwach und unregelmäßig, die Schleimhäute verfärben sich bläulich bis weiß. Zu früh geborene Kälber erscheinen zunächst gesund, entwickeln dann die gleichen Symptome wie die Kälber mit der Frühform der Atemnot.

Homöopathische Behandlung

Ammonium carbonicum: Riechsalz! Bei schwachem Herz sowie langsamer, angestrengter und röchelnder Atmung.
Camphora: Bei plötzlichem Versagen der Lebenskraft und Kollaps, kleiner und schwacher Puls, Unterkühlung. Bis zur Normalisierung der Atmung geben (in die Nase oder auf die Zunge tropfen).
Laurocerasus: Gegen die Lungenstauung bei rascher Einatmung, langsamer Ausatmung, mit Krämpfen und Opisthotonus, Herzflattern und Kollapsneigung bei schwachem Puls, Erstickungsanfälle mit Herz-Ursache.
Lobelia inflata: Bei Mattigkeit und Erschlaffung der Muskeln sowie bei Atemnot, regt das Atemzentrum an.
Veratrum album: Ähnlich wie Camphora, kalte Extremitäten, Kollaps, trockene Schleimhäute, Pupillen sind erweitert und Augen nach oben verdreht, Herzklopfen außen sichtbar, dabei Puls kaum fühlbar.

EXTRA-TIPP

Als erste Maßnahme sind das Freilegen der Atemwege und die Anregung der Atemtätigkeit des Kalbes wichtig. Bei fehlender Atmung kann das Kalb passiv beatmet werden, also in Seitenlage bringen und rhythmisch das Vorderbein anheben und niederdrücken.

Kälberdiphtheroid

Das Kälberdiphtheroid ist eine Form der Nekrobazillose, die verbreitet bei Kälbern auftritt. Der Verlauf kann gut- oder bösartig sein. Das Bakterium kommt überall vor und dringt durch kleine Verletzungen ein. Es können mehrere Tiere gleichzeitig oder nacheinander erkranken.

Auffallend sind Fieber und Läsionen der Schleimhäute im Maul und Rachen, die zu Nekrosen werden und die dann auch auf andere Organe übergreifen können.

In Abhängigkeit von dem Ort der Läsionen fressen die Kälber schlecht, atmen schnarchend und verlieren möglicherweise die Zähne. Der Verlauf ist chronisch und es kommt oft zu Rückfällen. In schweren Fällen ist die Heilung schwierig und die Kälber sterben.

Homöopathische Behandlung

Acidum muriaticum: Tiefe Geschwüre und harte Knoten auf der Zunge, geschwollenes Zahnfleisch und stinkender Atem, mit Schwäche und Blutungen.
Aconitum: Entzündete Schleimhäute, plötzliche und heftige Erkrankung mit Fieber, die Kälber sind unruhig und ängstlich.
Bromium: Die Atemwege sind besonders betroffen, Drüsen verhärten sich ohne zu vereitern, dabei schmerzhaftes und schwieriges Atmen.
Mercurius cyanatus: Akute Entzündung mit Geschwüren im Bereich der Mundhöhle zusammen mit auffallend starker Erschöpfung, Blutungen aus den verschiedenen Öffnungen, rasche Atmung und Herztätigkeit, stinkender Atem.
Mercurius corrosivus: Rotes, geschwollenes und schwammiges Zahnfleisch, geschwollene und entzündete Zunge, reichlicher Speichelfluss und lockere Zähne.
Mercurius solubilis: Bei flächenhafter Entzündung der Schleimhäute mit scharfen und eitrigen Absonderungen, entzündlich geschwollenes Zahnfleisch, Ulzerationen in Zunge- und Maulschleimhaut.
Tuberculinum aviare: Wirkt als mildestes von den Tuberkulinum-Sorten, besonders für junge oder sehr alte Tiere, bei Abmagerung und Lymphknotenschwellung und Entzündung im Kehlbereich, in Hochpotenz geben.

Nabelentzündung

Eine Entzündung des Nabels entwickelt sich während oder kurz nach dem Kalben durch den Eintritt von Bakterien in den Nabelstrang. Die Entzündung kann sich auf den äußeren Nabel beschränken, sie kann auch in die Bauchhöhle aufsteigen und zu einer Nabelvenen-, Nabelarterien- oder Harngangs-Entzündung führen.

Neben der Besiedlung durch Bakterien aufgrund unzureichender Hygiene während des Kalbens oder in der Kälberbox kann auch gegenseitiges Belecken des Nabels oder ein Nabelbruch zu der Entzündung führen.

Der entzündete Nabel erscheint verdickt, schmerzhaft und feucht, möglicherweise auch härter und von unterschiedlicher Konsistenz. Neben Eiter kann bei der Urachitis Harn aus dem Nabel austreten. Breitet sich die Entzündung aus, kommt es zu Abszessen in der Leber, zur Keimbesiedlung von Lunge und Nieren, der Gelenken oder des Herzens. Die erkrankten Kälber fallen dann zunehmend durch Abmagern und Kümmern auf. Eine Polyarthritis, eine vielörtliche Gelenkentzündung, kann als Folge der Nabelentzündung auftreten und wird als **Kälberlähme** bezeichnet.

Homöopathische Behandlung

Aconitum: Als erstes Mittel bei plötzlichem und starkem Krankheitsausbruch, rascher Fieberanstieg, Tier will nicht berührt werden, ist angstvoll und ruhelos, will große Mengen kalter Flüssigkeit trinken.
Arnica: Als wichtiges Wundheilmittel gut in Kombination mit anderen Mitteln.
Belladonna: Folgt Aconitum, wenn die Entzündung auf die Krise und die Eiterung zuläuft, starke Schmerzen, Überempfindlichkeit und Fieber, trockene und heiße Schleimhäute, geschwollene Gelenke.
Bellis perennis: Als Wundheilmittel bei eitriger Entzündung (auch äußerlich anzuwenden) ähnlich wie Arnica.
Bryonia: Wirkt besonders auf die serösen Häute und Schleimhäute, auffallende Schmerzhaftigkeit, trockene Schleimhäute und viel Durst auf kaltes Wasser, die Tiere

TIPP

Bei drohender Sepsis empfiehlt sich die Kombination von **Lachesis** mit **Pyrogenium** und **Echinacea**. Bei einer eitrig nekrotischen Entzündung hilft die Kombination von **Hepar sulfuris** mit **Pyrogenium** und **Tarantula cubensis**.

sind schwach und matt, die Erkrankung entwickelt sich eher langsam.
Echinacea: Bei Entzündungen und Infektionen zur Unterstützung der Heilung und Steigerung der Abwehrkraft des Tieres. In chronischen Fällen auch zur Umstimmung und als Reiztherapie geben.
Hepar sulfuris: Bei fortgeschrittener Eiterung in tiefen Potenzen zur Ableitung nach außen. Der Eiter ist klebrig und dickflüssig, wund machend und riecht nach altem Käse, die Tiere haben große Schmerzen, sind berührungsempfindlich und gereizt.
Lachesis: Die Kälber haben hohes Fieber, schnellen Puls und sind apathisch, Gefahr einer Sekundärinfektion und Sepsis, bei schlechter Heiltendenz.
Pyrogenium: Bei Entzündung, Eiterung und schlechtem Allgemeinbefinden, Unruhe mit Fieber und Zittern, Gefahr der Sepsis, stinkende Absonderungen und große Schmerzen, heftige und auffallende Symptome, die nicht zueinander passen. Pyrogenium und Lachesis ergänzen sich sehr gut und sind in vielen Kombinationsmitteln zusammen enthalten.
Silicea: Als Abschlussmittel, besonders wenn nach der Eiterung eine Fistel zurückbleibt, bei chronischer Entzündung und mit tiefer und langsamer Wirkung.
Nosode Escherichia-coli oder **Nosode Streptococcus** in Kombination mit oben ausgewählten Mitteln.

VORBEUGUNG

Bei häufig auftretenden Problemen mit Nabelentzündung bei den Jungtieren zweimal täglich Pyrogenium mit Hepar sulfuris geben.

Ohrentzündung

Neben Verletzungen des Ohres treten auch Blutergüsse an der Ohrmuschel auf. Hier handelt es sich um das Othämatom, eine einseitig starke Schwellung der Ohrmuschel. Auch Entzündungen in den verschiedenen Bereichen des Ohres, also im Gehörgang, im Mittel- oder Innenohr, sind möglich. Beim Kalb kann es zu einer Entzündung des Mittelohrs kommen, die jedoch oft nicht erkannt wird.

Eine Entzündung im Bereich des äußeren Ohres ist meist die Folge von gegenseitigem Belecken und Besaugen des Ohres und nachfolgender Infektion der aufgeweichten Haut durch Eitererreger. In manchen Fällen können Fremdkörper die Ursache darstellen. Meist handelt es sich um eine Mittelohrentzündung, die durch Bakterien hervorgerufen wird, die auch bei einer Lungenentzündung von Bedeutung sein können.

Auffallend ist das Kopfschlagen oder das Hängenlassen des Ohres, später eine Schiefhaltung des Kopfes. Bei Druck auf das Ohr fällt das feuchte Geräusch durch den Eiter im Gehörgang auf, es kommt zu einem „Quatschohr". Eine Mittelohrentzündung zeigt sich mit Fieber und einem gestörten Allgemeinbefinden, eitrigem Nasenausfluss und auffällig hängenden Ohren. Später kann der Eiter aus dem Ohr fließen. Bei einzelnen Tieren kommt es zu einer Lähmung der Gesichtsnerven.

Homöopathische Behandlung

Belladonna: Bei Entzündung mit trockener und heißer Schleimhaut, sehr großen Schmerzen, bei Bluterguss am Ohr, alles ist heftig und plötzlich.

Calcium carbonicum: Als allgemeines Kälbermittel und bei schleimig eitriger Entzündung, Ausschlag um die Ohren und leicht blutende Polypen.
Chamomilla: Als Kindermittel auch bei den Kälbern sinnvoll, die unruhig und reizbar sind und unerträgliche Schmerzen haben.
Ferrum phosphoricum: Im frühen Fieberzustand sowie bei zarten und empfindlichen Kälbern, die erschöpft wirken, im ersten Stadium der Ohrentzündung und in der Akutphase, wenn Belladonna nicht greift, verhindert es die Eiterung.
Hepar sulfuris: Als Eiterungsmittel mit klebrigem, dickem und wund machendem Eiter, der nach altem Käse reicht, große Schmerzen, Schuppen um die Ohren, auch Pusteln auf und im Ohr. Eher tiefe Potenzen geben, damit der Eiter nach außen abfließt.
Lachesis: Bei schon septischen Entzündungen, bei heftiger Infektion und Fieber, schlechtem Allgemeinzustand des Tieres.
Mercurius solubilis: Schwere Entzündung und schlechter Allgemeinzustand, alles riecht schlecht, die Ohren sondern dickes und gelbes Sekret ab, stinkend und blutig, auch Furunkel im äußeren Gehörgang.
Phytolacca: Mit besonderer Wirkung auf die Drüsen, wenn Ohrentzündung auch geschwollene Lymphknoten verursacht, die sehr schmerzen, das Tier kann nicht gut schlucken, knirscht mit den Zähnen, ist niedergeschlagen und unruhig.
Pulsatilla: Wechselhafte Entzündung mit dickem, mildem und gelbgrünem Sekret, stinkender Geruch und das äußere Ohr ist geschwollen, heiß und rot.
Pyrogenium: Bei Sepsisgefahr und schlechtem Zustand des Kalbes, stinkenden Absonderungen, Fieber und Schmerzen, die Tiere sind unruhig und ängstlich.
Silicea: Bei Eiterung und Entzündung, die schon länger andauern, bei Fremdkörper im Ohrbereich, stinkende, dünne und scharfe Absonderung aus dem Ohr. Wirkt lange und tief, dient zur endgültigen Ausheilung der Entzündung.
Thuja: Eher die chronische oder immer wiederkehrende Entzündung ausheilend, das Sekret ist dick, grün und stinkt nach fauligem Fleisch, im Ohr auch Wucherungen möglich.

TIPP

Kombination von Einzelmitteln mit einer **Staphlococcus**- oder **Streptococcus-Nosoden**.

Durchfall

Einen Durchfall innerhalb der ersten zwei bis drei Lebenstage bezeichnet man als Neugeborenen-Durchfall. Diese Erkrankung ist sehr häufig und verlustreich und verursacht große wirtschaftliche Schäden. Hier sind verschiedene Erreger, meist als Mischform, die Ursache des Durchfalls. Neben Viren können einzellige Darmparasiten oder Pilze beteiligt sein und nicht-infektiöse Faktoren können die Ausbreitung fördern.

Die Kälber erscheinen matt, trinken schlecht oder gar nicht mehr. Durch die zunehmende Austrocknung kommt es zu einer geringeren Hautelastizität, eine hochgezogene Hautfalte verstreicht nur noch langsam. Die Augäpfel sinken später ein und bei weiterer Verschlechterung liegt das Kalb fest und stirbt infolge Kreislaufversagen. Lähmungserscheinungen kommen durch die Übersäuerung des Blutes zustande.

Homöopathische Behandlung

Abies canadensis: Nach Überfressen, Tiere haben aufgetriebenen Bauch und Heißhunger, zeigen angestrengte Atmung und Herztätigkeit und wollen nur noch liegen.
Abrotanum: Bei Verwurmung oder Unterdrückung von Erkrankungen, Durchfall wechselt mit Verstopfung, unverdaute Futterteile im

Kot oder blutiger Kot, aufgetriebener Bauch, abgemagert bei gutem Appetit.

Acidum nitricum: Entzündliche Schleimhautveränderung und Magenschleimhautentzündung, Schwäche der Tiere mit Geräuschempfindlichkeit, Schmerzen nach Kotabsatz, Verschlimmerung der Beschwerden abends und nachts.

Aloe: Nach Arzneigaben oder nach Mangel an Bewegung, aggressiver Durchfall grün und dünnbreiig, gallertig oder schleimig, blutig, Blähungen, nach dem Fressen lautes Kollern, ein Dickdarm-Mittel mit Schließmuskelschwäche, gutes Allgemeinbefinden, aber hartnäckige Erkrankung, Verbesserung des Zustandes durch Kälte.

Antmonium crudum: Nach verdorbenem oder saurem Futter, Durchfall ist wässrig, schleimig und wechselt mit Verstopfung, Abgang von Blähungen in Verbindung mit Schleimfluss aus dem After, Tiere sind aggressiv, unleidlich und lassen sich nicht anfassen.

Arsenicum album: Nach verdorbenem oder gefrorenem Futter bzw. Infektion, Durchfall faulig und aashaft stinkend und blutig, in kleinen Mengen abgesetzt und wund machend, dabei viel Durst in kleinen Schlucken, Schwäche und Ruhelosigkeit, Tiere sind abgemagert, nachts Verschlimmerung der Symptome.

Barium carbonicum: Bei Jungtieren gut einzusetzen, die eine gespannte Bauchdecke haben, kolikartige Schmerzen, subakute Erkrankung.

Calcium carbonicum: Als allgemeines Jungtier-Mittel gut bei Milchunverträglichkeit der Kälber, Kot abends grunlich und wässrig, tagsüber eher wie geronnene Milch, sauer riechender Durchfall und Blähungen.

Camphora: Kot geht spontan ohne Anstrengung ab, dabei Kollapsgefahr und plötzlicher Kräfteverlust, die Haut ist kalt, der Puls klein und schwach.

Carbo vegetabilis: Durchfall ist wässrig und blutig, übel riechend und brennend, oft mit Schleimhautfetzen, rinnt passiv aus dem After, Blähungen und aufgetriebener Bauch, Tiere stehen kaum auf und sind abgemagert, gekrümmter Rücken, kalter Körper, wie ausgetrocknet, tief liegende Augen, auch noch für scheinbar sterbende Tiere ein Mittel, nach Vergiftung und bei Kollaps, Atemlähmung.

China: Bei chronisch wiederkehrenden Durchfällen, Kolik mit aufgetriebenem Bauch, die Tiere sind mager und haben ein schlechtes Haarkleid, Verschlimmerung der Symptome nachmittags oder direkt nach dem Füttern.

Chininum arsenicosum: Chronische und schwächende Durchfälle, Störung der Leberfunktion und Kreislaufschwäche.

Croton tiglium: Durchfall wie in einem Guss, sogenannte Hydrantenstühle, besonders direkt nach dem Fressen, akute Schleimhautentzündung und Besserung in der Ruhe.

Dulcamara: Durchfall als Folge von Kälte und Nässe oder plötzlichem Wechsel von Wärme zu Kälte, der Kot ist grün, wässrig und schleimig, auch mit Blut, die Durchfälle treten im Wechsel mit Hautproblemen auf.

Ferrum phosphoricum: Als Jungtier-Mittel bei wiederkehrendem Durchfall mit unverdauten Nahrungsteilen und wechselnder Appetit, bei Neigung zu Infektionen und Blutarmut.

Ipecacuanha: Nach zu viel Futter, schaumiger und blutiger Durchfall mit kolikartigen Schmerzen, besonders im Sommer, Verschlimmerung durch Bewegung und Temperaturextreme.

Jodum: Bei länger bestehenden Durchfällen, die Tiere sind abgemagert trotz großer Futteraufnahme, fressen gierig, sind nervös und aggressiv, Besserung durch Bewegung.

Lachesis: Blutiger und schleimiger Durchfall mit Blähungen und septischer Entzündung.

Magnesium carbonicum: Als Jungtier-Mittel bei übel riechendem, säuerlichem und wässrigem Durchfall, grünlich und schaumig, mit kolikartigen Schmerzen, oft wiederkehrende Durchfälle.

Magnesium phosphoricum: Ähnlich wie Magnesium carbonicum, die Tiere sind lebhafter.
Mercurius solubilis: Ruhrartiger Durchfall, säuerlich, wässrig, schleimig, blutig und wund machend, schmerzhafter Kotabsatz, stinkender Atem, auch bei der chronischen Form hilfreich.
Natrium sulfuricum: Eher ein Lebermittel, bei Blähungen und Durchfall in großen Mengen besonders morgens, Darmgeräusche und Blähungskoliken, eventuell Wechsel mit Verstopfung, Verschlechterung bei Regenwetter.
Nux vomica: Nach verdorbenem Futter, bei zu großer Futtermenge oder nicht artgerechter Fütterung, aufgetriebener Bauch, krampfartige Schmerzen, Tiere sind streitbar und jähzornig, durstlos, kleine Kotmengen mit viel Schleim, brennend und stinkend.
Okoubaka: Nach verdorbenem Futter oder Futterumstellung, nach Vergiftung, mit Schwäche und verzögerter Erholung.
Phosphor: Durchfall dünn und zum Teil schleimig, Wechsel von Inappetenz und Hunger, gutes Allgemeinbefinden, Tiere sind sehr geräuschempfindlich und nervös.
Podophyllum: Durchfall wässrig und reichlich, sogenannter Hydrantenstuhl, übel riechend und blutig mit geleeartigem Schleim, kolikartige Schmerzen bei aufgetriebenem Bauch und Abgeschlagenheit.
Pyrogenium: Bei gleichzeitig schwerer bakterieller Infektion oder Vergiftung, schlechtes Allgemeinbefinden, dünner und nach Aas stinkender Durchfall, auch mit Blutbeimengung.
Silicea: Bei Wechsel von Durchfall und Verstopfung, bei länger andauerndem Durchfall, die Tiere sind eher ängstlich, geschwächt und großbäuchig.
Sulfur: Als Reaktions- oder Zwischenmittel und nach Vorbehandlung, bei Durchfall frühmorgens, übel riechender Durchfall. Auch bei chronischer Form.
Tabacum: Plötzlicher und wässriger Durchfall mit hochgradiger Erschöpfung und Krämpfen, aufgetriebener Bauch, eisige Kälte des Körpers, Verschlimmerung durch die geringste Bewegung und durch Kälte.
Veratrum album: Wenn Arsenicum album nicht hilft, Durchfall ist wässrig (Reiswasserstuhl), schleimig und blutig, geht in Schüben ab, dadurch Entkräftung, aber nicht stinkend, geschwollener Bauch, Tiere werden schwach, berührungsempfindlich und zeigen eine starke Störung des Allgemeinbefindens bis zum Kollaps, kalte Extremitäten und bläuliche Schleimhäute.
Nosode Escherichia coli: Zusätzlich bei Escherichia-Infektion mit den ausgesuchten Basismitteln geben.

Harnstein-Erkrankung

Harnsteine bilden sich durch die Ausfällung und Zusammenballung der im Harn befindlichen Salze zu Konkrementen, die dann in den Harnwegen den Abfluss behindern. Die Harnsteine sind verschieden groß, sie können klein wie Grießkörner sein, aber auch eine Größe von bis zu zwei Zentimeter erreichen.

Besonders bei männlichen Tieren, bei älteren Kälbern und Jungbullen, können sich Harngrieß oder Harnsteine bilden, die zu einer Verletzung der Harnröhre oder zum Harnstau führen. Einfluss auf deren Bildung haben die Fütterung und der Mineralstoffgehalt in der Ration, der Hormon- und Entwicklungsstatus der Tiere, Stress oder Trinkwassermangel.

Bei einem unvollständigen Verschluss der Harnröhre kommt es zum Harnträufeln und beim vollständigen Verschluss zu Anurie (Harnverhalten). Die Erkrankung zeigt sich mit Schmerzhaftigkeit, Verweigerung der Futteraufnahme, Apathie, Bauchpresse und Ödemen am Unterbauch. Es kommt zum Harnstau, der bis in die Niere wandert oder zur Erweiterung der Blase und deren Riss. Dann entwickeln sich Harnphlegmone und eine Urämie, eine Retention (Zurückhalten) der harnpflichtigen Stoffe.

Homöopathische Behandlung

Acidum benzoicum: Stinkender und dunkler Urin, bei einer chronischen Form mit Grieß.
Berberis: Bei subakuter oder chronischer Blasenentzündung und Nierenentzündung mit Harnkonkrementen, blutiger Harn und brennender Harnabsatz.
Cantharis: Bei akuter Blasenentzündung mit Harndrang, es kommen aber nur wenige Tropfen, viel Durst mit Abneigung gegen das Trinken und Schluckbeschwerden, blutiger Harn und Kot.
Equisetum hiemale: Bei Steindiathese und Steinkoliken, auch vorbeugend gegen eine Harnsteinbildung und Koliken, häufiger und schmerzhafter Harndrang.
Lycopodium: Bei subakuter, chronischer und immer wiederkehrender Entzündung des Harnsystems. Auch als Konstitutionsmittel einzusetzen und zur Anregung der Körperreaktion.
Pareira brava: Fortwährender Harndrang ohne Harnabsatz, bei subakuter und chronischer Blasenentzündung bei männlichen Tieren.

EXTRA-TIPP

Die Merkmale gesunder und kranker Kälber sollten Ihnen als Tierhalter bekannt sein. Sie können anhand folgender Faktoren den Gesundheitszustand Ihrer Tiere beurteilen:

- die Höhe der Körpertemperatur,
- Körperverfassung, Haltung und Allgemeinzustand,
- Aufnahme von Futter und Tränke,
- Aussehen und Reaktion von Augen und Ohren,
- Aussehen des Haarkleides, der Haut und Schleimhaut,
- Nabel und Gelenke,
- Atmung mit Husten, Ausfluss, Intensität und Frequenz,
- Bauchform und
- Absatz von Kot und Urin.

Sabal serrulatum: Gilt als der „homöopathische Katheder", bei ständigem Harndrang.
Terebinthina: Chronische Nierenentzündung mit Grieß und ständigem Harndrang, besondere Wirkung auf blutende Schleimhäute, bei Nierenentzündung mit dunklen, passiven und stinkenden Blutungen.

Erkrankung der Haut

Lichtüberempfindlichkeit, Photosensibilität, Photodermatitis

Sonnenbrand kommt beim Rind selten vor, möglich ist aber durch das Hinzukommen anderer Faktoren eine Überempfindlichkeit der Haut und nachfolgende Schädigung durch die Sonne.
Bestimmte Substanzen im Futter, wie Buchweizen, Johanniskraut oder Medikamente, können eine Photosensibilität verursachen. Eine Leberschädigung, Störung des Gallenabflusses oder ein Befall mit Leberegeln können ebenfalls mitverursachend sein.

Bei ganztägiger Weidehaltung und Sonneneinstrahlung kommt es auf den unpigmentierten Hautflächen zu einer Rötung, Verdickung und vermehrter Wärme sowie Schmerzen. Die Tiere haben eine Konjunktivitis und sind lichtscheu. Bei großflächigen Schäden leiden die Tiere sichtbar, gehen in der Leistung zurück, können Fieber und Kolik zeigen. Die entzündete Haut entwickelt Nekrosen. In schweren Fällen erscheint die Haut am Körper waschbrettartig gewellt und an den Zitzen finden sich schalenförmige derbe Krusten.

Homöopathische Behandlung

Apis: Bei roten Bläschen mit Brennen und Stechen, Ödemen und Schmerzen bei Berührung.
Arsenicum album: Die Haut ist juckend und brennend, es finden sich Schwellungen und Ödeme , die Ausschläge sind trocken, rau

und schuppig, es kann zu gangränösen Entzündungen kommen, die Tiere sind schwach und unruhig.
Calendula: Bei schlechter Wundheilung, es fördert die Granulation, bei veralteten, offenen Wunden und wenn Substanzverlust stattgefunden hat, bei eiternden Wunden, nimmt den schlechten Geruch und den Wundschmerz. Für reizbare Tiere besser als Arnica verträglich und besser bei empfindlicher Haut.
Cantharis: Bläschenausschlag mit Brennen und Jucken, oft kommt eine unverhältnismäßig starke Entzündung nach, die Tiere sind sehr unruhig.
Echinacea: Beugt einer Infektion vor. Gut mit anderen Mitteln zu kombinieren.
Histamin: Zur Linderung des Juckreizes geben.
Hypericum: Für Hautausschläge, besonders an unpigmentierten Stellen, lindert die Nervenschmerzen, hilft bei Sonnenbrand.
Rhus toxicodendron: Bei roter und geschwollener Haut, die juckt und Bläschen entwickelt, auch mit Eiterung und geschwollenen Drüsen, bei Sepsis und Entzündungen.
Sulfur: Allgemein trockene Haut und jede Verletzung eitert, Jucken und Brennen, es bilden sich Pickel und Pusteln, rote Körperöffnungen. Sulfur regt die Reaktionsfähigkeit des Körpers an und kann als Zwischenmittel gegeben werden.
Urtica urens: Bei juckenden Flecken, Bläschen und Ödemen, auffallende Berührungsempfindlichkeit der Tiere.

Erkrankungen durch Hautpilze, Trichophytie, Maulgrind oder Teigmaul, Glatzflechte

Die Glatzflechte kommt besonders im Winter bei Jungtieren vor.

Die Infektion der Tiere erfolgt über Sporen der Hautpilze, die sehr widerstandsfähig sind. Die Pilze wachsen in die Haarfollikel und die Haut entzündet sich, es bilden sich Krusten. Die Infektion geht von Tier zu Tier über Träger wie Einstreu und Geräte, Fliegen und Ektoparasiten. Der Ausbruch der Erkrankung wird durch Vitaminmangel, Stress sowie Fehler in Fütterung und Haltung gefördert.

Aus zuerst kaum sichtbaren Knötchen bilden sich größere Stellen mit gesträubten Haaren, auf denen sich dann Schuppen bilden. Die Haare brechen ab, die Flecken breiten sich immer mehr aus und es bilden sich dicke und asbestartige Borken. Meist finden wir diese Stellen am Kopf, aber auch an Hals und Brust. Beim Kalb sind die Krusten oft um das Maul und bilden das „**Teigmaul**“.

> **WICHTIG**
> Achten Sie unbedingt auf die Hygiene, da die Erkrankung auf den Menschen übertragbar ist!

Homöopathische Behandlung

Arsenicum album: Trockene, raue und schuppige Ausschläge, Haut ist wächsern und kühl, die Tiere sind erschöpft und matt, aber unruhig und stinken nach Aas.
Kalium arsenicosum: Trockene, schuppige und welke Haut mit Pusteln und Ekzemen mit Jucken, viele kleine Knötchen unter der Haut, die Tiere sind abgemagert, ängstlich und schreckhaft.
Kalium sulphuricum: Bei Ekzem mit vielen Schuppen, Brennen und Jucken.
Malandrium: Die Haut ist trocken, schuppig und juckend, wenig nässend, aber krustenbildend.
Nosode Bacillinum: Bei chronischem Ekzem, das stark juckt, bei schuppenden Ausschlägen und Mykosen und unterernährten Tieren.
Nosode Tuberkulinum aviare: Wirkt von den Tuberkulinum-Arten am mildesten und besonders gut bei jungen Tieren, Abmagerung und Ekzemen.

Psorinum: Schmuddelige und ölige Haut, krustige Ausschläge, schlechte Ausheilung und stinkende Absonderungen, die Ekzeme kommen im Frühjahr und Herbst immer wieder.
Sepia: Verdickte und pergamentartige Haut mit übel riechenden Ausdünstungen, manchmal Gelbfärbung der Haut.
Tellurium: Kreisförmiges Ekzem, stinkende Ausdünstungen.

VORBEUGUNG

Bacillinum oder **Trichophytie-Nosode** oder **Malandrium** in Hochpotenz einmal wöchentlich geben.

Aktinomykose, Aktinobazillose

Beide Erkrankungen werden oft fälschlicherweise unter dem Begriff **„Strahlenpilzkrankheit“** beschrieben. Die Krankheiten sind nicht ansteckend und werden durch Bakterien verursacht, die verschiedene Gewebe bevorzugen und infizieren. Diese Erreger kommen auch bei gesunden Tieren auf der Haut und im Maul vor. Sie dringen durch kleine Verletzungen ein, dann breiten sie sich auf dem Blut- und Lymphweg weiter aus. Der Erreger der **Aktinomykose** befällt die Kieferknochen, die Schleimhaut im Maulbereich, aber auch die des Euters. Der Erreger der **Aktinobazillose** befällt die Zunge, die Muskulatur und die Lymphknoten.

Schwere Fälle der Infektion der Zunge führen zur „**Holzzunge**“. Auf der Maulschleimhaut finden sich Knötchen und die Tiere bekommen Probleme mit dem Fressen. Bei der Kiefer-Form fallen Auftreibungen der Knochen auf, die nach außen durchbrechen können. In den inneren Organen kommt es zur Ausbildung von Abszessen.

Homöopathische Behandlung

Acidum hydrofluoricum: Wirkt ähnlich wie Hekla lava, aber eher bei Geschwüren der Haut und bei Knochenkaries mit Absonderungen, bei abgemagerten Tieren trotz guten Appetits, die Tiere sind unruhig.
Calcium fluoratum: Bei Bindegewebsschwäche und „Knochenkaries“ oder Knochenfisteln, Exostosen und steinharten Drüsenschwellungen.
Cistus canadensis: Bei Neigung zu Drüsenschwellung und bei Veränderungen im Mund-Rachenbereich, bei Lymphknotenschwellung.
Hekla lava: Wirkt vor allem bei ernährungsbedingten oder infektiösen Knochenerkrankungen, besonders bei Knochenschwellung im Kopfbereich und zur Ausheilung nach Kalium jodatum geben.
Hepar sulfuris: Wirkt in erster Linie auf die Eiterung, die schmerzhaft ist, auch bei Abszessen vor der Ausreifung.
Kalium jodatum: Wirkt wie Hekla lava besonders auf die Knochen und hat einen Bezug zu den Stirn- und Kieferhöhlen, besonders bei Infektionen und Drüsenschwellung, Knochenschmerzen, bei schleichend verlaufenden Infektionen mit Verhärtung im Gewebe.
Mercurius solubilis: Schmerz und Schwellung der Knochen im Kopfbereich, gelbgrüne, stinkende und eiterartige Absonderung, Gestank aus dem Maul und Exostosen im Kopfbereich.
Silicea: Bei chronischer Entzündung, bei Eiterung und Fistelbildung, bei allgemein schlechter Wundheilung und zur Ausheilung geben.

Papillomatose, Viruspapillome, Warzenkrankheit

Die Papillomatose wird oft als Warzenkrankheit bezeichnet und kommt in verschiedenen Formen vor. Am häufigsten tritt die **fungiforme Papillomatose** auf. Hier finden wir bei

Rindern bis drei Jahre pilzförmige Papillome an der Haut und auf dem Euter. Die **filiforme Papillomatose** findet sich besonders an den Zitzen und am Euter. Die fadenförmigen Papillome erschweren das Melken. Bei der **Schleimhautpapillomatose** kommt es zu sporadischen und weniger häufigen Veränderungen der Schleimhäute des Mauls, des Genitalbereiches, der oberen Verdauungswege und in der Harnblase.

Der Viruserreger ist relativ tierartspezifisch, er befällt nur selten den Menschen und andere Tiere. Die Infektion erfolgt durch Tierkontakt oder über die Einstreu, das Melkgeschirr bzw. Geräte.

Zuerst bilden sich kleine Knoten mit einer glatten Oberfläche, die allmählich wachsen und einen Stiel entwickeln. Durch die Verhornung werden die Papillome blumenkohlartig und bei einer Verletzung können sie sich zusätzlich mit Bakterien infizieren. Jetzt kommt es zu auffallend schlechtem Geruch und Nekrose der Papillome, die bluten können. Liegen die Papillome im Inneren bleiben sie oft unerkannt und stellen möglicherweise Probleme für das Tier dar.

Homöopathische Behandlung

Acidum nitricum: Große und zerklüftete Warzen, die leicht bluten und gezackte Ränder haben, auch spitze und breite Feigwarzen, Verlangen nach Unverdaulichem. Allgemeines Schleimhautmittel.
Antimonium crudum: Die Warzen sind hornartig und tief sitzend, auch flach und glatt.
Calcium carbonicum: Es finden sich viele kleine Warzen an den Zitzen.
Causticum: Die Warzen sind hart und hornartig, entzündet und eitrig.
Dulcamara: Die Warzen sind fleischig und glatt, sitzen breit auf.
Natrium sulfuricum: Die Warzen sind weich, glatt und gestielt.
Sabina: Warzen und Feigwarzen, die jucken und brennen.
Thuja: Die Warzen sind glatt oder rissig, fleischig, sehr empfindlich und bluten leicht, gestielt und blumenkohlartige Form möglich.

Ektoparasiten

Der Befall von Ektoparasiten führt bei Rindern zu Juckreiz, Kratzen und Scheuern und es folgen Dermatitiden, also Hautentzündungen, und Ekzeme. Später kann es zu Sekundärinfektionen mit Eitererregern kommen oder zu Anämie und Leistungsabfall bei den erkrankten Tieren. Ektoparasiten können Zecken, Milben verschiedenster Art, Läuse und Haarlinge, aber auch Mücken, Bremsen, Fliegen und Lausfliegen sein.

> **WICHTIG**
> Nach einer chemischen Behandlung ist es notwendig, die Giftstoffe wieder auszuleiten, indem Sie dem Tier für einige Tage ausgesuchte Entgiftungsmittel oder Leber- und Nierenmittel verabreichen.

Homöopathische Behandlung

Causticum Hahnemanni: Bei trockenen Hautausschlägen, Besserung durch Feuchte und Wärme.
Graphites: Hat viele Hautprobleme im Arzneimittelbild, man achte auf den Konstitutionstyp. Vergrößerte Lymphdrüsen.
Ledum: Als Vorbeugung gegen Läuse und Flöhe, auch als Behandlung von Folgeinfektionen nach Ektoparasitenbefall.
Psorinum: Zur allgemeinen Hautsanierung und Umstimmung, Folge von Milben- und Läusebefall, bestes Räudemittel, Verschlimmerung der Erkrankung im Winter. Einmalige Gabe mit Wiederholung nach fünf Tagen.
Sarsaparilla: Bei Hautveränderung mit Juckreiz.
Silicea: Bei Kümmerlingen zur Stabilisierung des Gesundheitszustandes.
Sulfur: Wie Psorinum ein Haut- wie auch all-

gemeines Umstimmungsmittel, wirkt auf den Leberstoffwechsel und damit auf die Haut. Auch als vorbeugende Verabreichung möglich gegen Läuse und Flöhe.

Endoparasitenbefall

Viele verschiedene Endoparasiten, wie Kokzidien, Magen-Darm-Rundwürmer oder Bandwürmer, besiedeln Rinder jeder Altersklasse und können bei Überhandnehmen ihre Wirte so sehr schädigen, dass Leistungseinbußen, schlechtes Allgemeinbefinden und schwere Erkrankungen bis hin zu Todesfällen eintreten. Eine Immunität gegen Endoparasiten entwickelt sich durch einen normalen Infektionsdruck. Dieser erlaubt dem gesunden Tier ausreichende Abwehrmechanismen zu entwickeln und so in einem stabilen Gleichgewicht mit dem Parasit zu leben. Mit homöopathischen Mitteln kann versucht werden, das Milieu im Tier so zu stärken und gegebenenfalls dahingehend zu verändern, dass sich die Besiedlung mit Endoparasiten im Rahmen hält und das Tier nicht schädigt. Im Akutfall einer sehr starken und gesundheitsschädigenden Verwurmung muss mit chemischen Wurmmitteln behandelt werden, da die Homöopathie nicht die Parasiten abtöten kann. Sinnvoll ist aber immer eine Kotuntersuchung zur Auswahl des passenden Präparates mit optimaler Wirkung und möglichst geringer Belastung der Tiere und der Umwelt. Im Anschluss daran soll aber das Darmmilieu saniert werden, indem man EM (Effektive Mikroorganismen), Kanne Brottrunk, Fermentgetreide oder Ähnliches mit in die Ration nimmt, um die Besiedlung des Magen-Darm-Traktes mit Mikroorganismen wieder herzustellen. Gleichzeitig sollten mit Leber- und Nierenmitteln, mit Gaben von Sulfur und Ähnlichem die Stoffe der Wurmmittel wieder ausleitet werden.

Homöopathische Behandlung

Abrotanum: Bei Befall mit Kokzidien, Spul- und Fadenwürmern, wirkt besonders auf die Verdauung, einzusetzen bei chronischen und subakuten Erkrankungen des Darmkanals, bei Magen- und Darmschwäche, bei Schwäche in den Muskeln und Gelenken und bei Wachstumsstörungen. Kennzeichnend ist bei einer Erkrankung die wechselhafte Peristaltik und Kotbeschaffenheit, Durchfall wechselt mit Verstopfung, Abmagerung trotz guten Appetits, aufgetriebener Bauch und Blähungen, besonders bei Jungtieren. Empfehlenswert ist eine zweimal jährliche Kur für etwa fünf Tage. In tiefer Potenz. Abrotanum D6 hilft bei unspezifischer Bauchwassersucht.
Cina: Gegen Spul- und Bandwürmer, wirkt besonders auf das Bauchnervensystem, die Atmungs- und Verdauungsorgane, bei Symptomen mit Ursache in einer Reizung der Eingeweide, vor allem bei schwachen, dickbauchigen und verwurmten Tieren.
Koso (Koto, Kousso)**:** Gilt als wurmtreibendes Mittel, besonders gegen Bandwürmer.
Santonium (Santonin)**:** ähnlich wie Cina, gegen Askariden und Nematoden, aber nicht gegen Bandwürmer.
Calcium carbonicum: Nach jeder Wurmkur, hält die Neubesiedlung durch Parasiten in Grenzen. In Hochpotenz geben.
(Nux vomica soll gegen Kokzidien, Carduus marianus gegen Hakenwürmer helfen.)
Okoubaka: Zur Ausscheidung der Giftstoffe der Parasiten und der Medikamente oder Wurmkuren. In tiefer Potenz.

Verletzungen

Wunden

Eine Wunde ist eine Gewebstrennung an einer äußeren oder inneren Körperoberfläche und mit oder ohne Gewebsverlust. Meist entsteht sie durch äußere Gewalt oder infolge einer Erkrankung, wie beispielsweise ein

Geschwür oder ein Abszess. Es kann im Stall und auf der Weide zu Schnitt-, Stich- oder Quetschwunden kommen, durch andauernden Druck beim Liegen auch zu einem Dekubitus, einem Wundliegegeschwür. Die Wunden können äußerlich sein, aber auch innerlich mit einer Einblutung im Gewebe. Der Prozess der Wundheilung beginnt nach der ersten Blutung mit der Blutgerinnung, dann kommt es zu einer Entzündung und einem Verkleben der Wundränder. Wundsekret befördert Keime und Fremdkörper aus der Wunde und es bildet sich neues Bindegewebe. Nach der Blutstillung sollten größere Wunden sauber abgedeckt werden, kleinere heilen meist ohne Probleme ab und sollten nur kontrolliert werden. Eine homöopathische Behandlung unterstützt die Ausheilung und kann äußerlich mit einer Heilsalbe, die homöopathische Verletzungsmittel enthält, behandelt werden.

Homöopathische Behandlung

Arnica: Allgemeines Verletzungsmittel, bei Blutungen, Quetschungen, Blutergüssen, zur Beschleunigung der Heilung, bei Verschlimmerung der Beschwerden bei Berührung, Bewegung und feuchter Kälte.
Bellis perennis: Ähnlich wie Arnica, bei allgemeiner Blutungsneigung, auch bei eitrigen Hauterkrankungen und Verletzungen der Gebärmutter, bei Verschlimmerung in der Kälte.
Calendula: Bei schlechter Wundheilung, weil es die Granulation fördert, und bei veralteten, offenen Wunden, bei allen Verletzungen, besonders bei Risswunden, wenn Substanzverlust stattgefunden hat, auch bei eiternden Wunden, nimmt den schlechten Geruch und den Wundschmerz. Für reizbare Tiere besser als Arnica verträglich und besser bei empfindlicher Haut.
Echinacea: Bei Quetschungsverletzungen, bei Bissen und Stichen und bei Sepsisgefahr.
Gunpowder: Bei faulig oder eitrigen Wunden und Blutvergiftung.
Hypericum: Hilft bei Nervenschmerzen nach Verletzungen und Operation. Man soll es schnell nach der Verletzung geben, um die Toxinausbreitung zu verhindern.
Ledum: Bei Stich- und Punktverletzungen oder Gabelstich, bläuliche Verfärbung, harte und schmerzhafte, auch infizierte Insektenstiche. Das Folgemittel ist dann Apis D12 bei einem sich ausbreitendem Ödem.
Silicea: Bei schlechter Heilung, Eiterung und Fistelbildung. Es fördert das Abstoßen von eingedrungenen Fremdkörpern aus dem Gewebe und die Ausheilung.
Staphisagria: Bei glatten Schnittwunden und chirurgischen Eingriffen, auch bei Stichverletzungen, die Tiere sind nervös und unruhig sowie sehr schmerzempfindlich, gut bei Verklebungen des Gewebes oder Obstipation nach Operation. In Kombination mit Ledum bei Stichverletzungen.

Infizierte Wunden

Jede Verletzung ist mit Bakterien infiziert, doch normalerweise dringen schon nach wenigen Stunden die Abwehrzellen des Immunsystems in das Wundgebiet und machen alle vorhandenen Mikroorganismen unschädlich. Sind Wunden aber stark verschmutzt, gelingt dies nicht immer. Eine Infektion erkennen Sie an der zunehmenden Schwellung und Rötung, die sich an den Wundrändern und um die Wunde ausbreiten. Die Verletzung beginnt zu eitern und zu schmerzen. Oft schwillt ein benachbarter Lymphknoten an und wird druckempfindlich oder es kommt Fieber hinzu, da sich die Infektion ausbreitet. Es kann dann zu einer Blutvergiftung (Sepsis) kommen. Größere Wunden müssen vom Tierarzt behandelt werden, kleinere reinigen Sie selbst mit lauwarmem Wasser und decken sie entsprechend ab.

Homöopathische Behandlung

Belladonna: Bei sehr schmerzhaften Abszessen, Geschwülsten, mit Rötung und Neigung zur Eiterung, charakteristisch ist das rasche Anschwellen.
Echinacea: Durch die Wirkung auf das Immunsystem bei Eiterung und Abszessen, Bissen und Stichen, Sepsisgefahr.
Hepar sulfuris: Infizierte Wunden mit akuter Eiterung und beginnendem Abszess, Eiter riecht nach altem Käse, Überempfindlichkeit gegen Schmerzen.
Lachesis: Bei infizierten Wunden mit Sepsis, wenig Eiter, eher nekrotische Veränderung, bläuliche Verfärbung der Wunde, schlechte Heiltendenz.
Myristica sebifera: Wird als das „homöopathische Messer" bezeichnet, weil es bei eitrigen Entzündungen oder Abszessen im Stadium der Reifung eröffnend auf den Abszess wirkt, der Verlauf der Entzündung ist nicht so akut wie bei Hepar sulfuris.
Pyrogenium: Bei stinkenden Eiterungen, Ausbreitung der Entzündung und dabei schlechtes Allgemeinbefinden, Sepsisgefahr.
Tarantula: Das wirksamste Mittel bei Furunkeln, Abszessen, Eiterungen und Schwellungen mit bläulicher Farbe und großen Schmerzen, besonders im distalen Gliedmaßenbereich, nekrotisches Gewebe mit wässriger Sekretion oder Sickerblutung, schlechte Heilung der Wunden.

Blutungen

Eine Blutung oder auch Hämorrhagie bedeutet Blutaustritt aus einer Blutbahn, die entweder äußerlich oder innerlich verletzt ist. Bei einem sehr großen Blutverlust kann es zu einem Schock und zum Tod des Tieres durch Verbluten kommen. Stark blutende und größere Verletzungen sollten mit einer Auflage abgedeckt werden oder es muss ein Druckverband angelegt werden. Kleine Verletzungen können unversorgt bleiben, das Blut reinigt die Wunde und verringert die Gefahr einer Infektion.

Homöopathische Mittel

Arnica: Bei Blutungen nach Verletzungen mit hellem Blut, bei Hämatomen und Quetschungen, die stark gespannt sind, nach arterieller Blutung, bei Verletzungen in den Weichteilen infolge von Knochenbrüchen.
Bellis perennis: Bei Blutung nach Verletzung, Quetschung oder Nachgeburtsabnahme, bei heller Uterusblutung.
Caulophyllum: Bei lang anhaltender, passiver Uterusblutung nach dem Kalben.
Hamamelis: Bei venösen, dunkelrote Blutungen, gleichmäßig fließend und sickernd, nach Quetschung mit einem Bluterguss, der mit dunklem, venösem Blut gefüllt ist, schlechter Blutergussresorption, auch bei offenen und schmerzhaften Wunden angebracht.
China: Bei starken dunklen Blutungen, mitunter auch klumpig, durch die Tonusänderung in der Gebärmutter entstanden.
Ipecacuanha: Helle und gussartige Blutungen nach der Geburt, bei Blut in der Milch oder im Kot. In D6 geben.
Lachesis: Bei dunklem Blut und schlechter Gerinnung sowie schlechtem Allgemeinzustand des erkrankten Tieres.
Millefolium: Hellrote stetige Blutung nach kleiner Verletzung, auch arterielle Blutung, Nasenbluten oder Blutung aus Gebärmutter und Darm.
Phosphorus: Bei Blutung aus den Schleimhäuten, aus allen Körperöffnungen, blutendes Zahnfleisch, Nasenbluten und allgemein hellem Blut.
Sabina: Helle Uterusblutung in Güssen, fast keine Gerinnung, hartnäckige und starke Blutungen, bei starken Nachwehen. **Wichtig:** Hochpotenz nehmen! Tiefpotenz regt die Blutung an!

TIPP

Die Kombination der Einzelmittel **Arnica** mit **Hamamelis** und **Millefolium** hat sich bewährt.

Secale cornutum: Passive Uterusblutung nach dem Kalben oder außerhalb der Trächtigkeit, Blut dunkel (rot bis bräunlich) und flüssig, läuft ohne jede Bewegung aus, durch Hervorrufen einer Kontraktion der Kapillaren ein sehr gutes Blutungsmittel. Unterstützt die Wirkung von Sabina, besonders nach dem Kalben!

Verbrennung

Eine Verbrennung oder Brandverletzung bedeutet eine Schädigung des Gewebes durch sehr große Hitze, etwa durch Flüssigkeiten, Dämpfe, Flammen oder durch eine starke Sonneneinstrahlung bzw. elektrischen Strom. Bei leichteren Verbrennungen ist das Haarkleid angesengt, die Rötung ist hyperämisch bis entzündlich. Die Haut schwillt schmerzhaft ödematös an und schilfert später unter Blasenbildung ab. Bei schweren Verbrennungen stirbt die Haut in allen Schichten ab, sie wird lederartig trocken und abgestoßen. Bei sehr großen Verbrennungen besteht die Gefahr eines Kreislaufschocks.

Homöopathische Behandlung

Aconitum: Als Erstmittel in höherer Potenz gegen den Schock geben.

Arnica: Auch als Erstmittel gegen den Schock geben und zur Behandlung der Verletzung.

Apis: Bei Verbrennungen mit Ödemen und Blasen, rosarote Tönung der Haut.

Belladonna: Bei heißer und roter Haut, die geschwollen und empfindlich ist, eiternde Wunden.

Cantharis: Wenn der Schmerz nach Arnica anhält und bei akuter Entzündung der Haut mit Blasenbildung, bei Verbrennungen ersten und zweiten Grades.

Carbolicum acidum: Bei schwärenden Brandwunden, die einen hautreizenden, fauligen und aggressiven Eiter absondern, sehr schmerzhafte Verletzung mit Schwellung, vor allem durch die große Erschöpfung besteht Kollapsgefahr.

Causticum: Schmerzhafte Verbrennung mit Unruhe und Blasenbildung, besonders bei alten und schlecht heilenden Verbrennungen sowie bei Verbrennung der Mundschleimhaut.

Hypericum: Als Schmerzmittel dazu geben, schnell nach einer Verletzung verabreichen, es verhindert die Toxin-Ausbreitung (äußerlich als Johanniskraut-Öl anzuwenden).

Kreosotum: Ausgeprägtes Jucken und Brennen, das das Tier sehr unruhig macht, Schmerzen, die sich gegen Nachmittag und Abend verschlimmern und einhergehen mit Blutungen sowie der Absonderung von hautreizendem und manchmal blutvermischtem Sekret.

Rhus toxicodendron: Verbrennungen mit brennenden und juckenden Brandblasen sowie kleinen Bläschen, die sich durch Kratzen verschlimmern, auffallend große Unruhe.

Secale cornutum: Bei Verbrennungen, die sich bei örtlicher Wärme verschlimmern und dauernd kalter Anwendungen und Kühle bedürfen, bei bereits vernarbten Verbrennungen und Neigung zu Gangrän sowie zu dunklen Blutungen.

Stramonium: Bei schmerzfreien Verbrennungen und hohem Fieber mit Deliriumszuständen, die verbunden sind mit großer Aufgeregtheit und Angst, die sich bis in Panik steigert, dabei Aggressivität gegen den Menschen möglich.

Urtica urens: Bei Verbrennungen und Verbrühungen ersten Grades, auch bei älteren Verbrennungen, die noch jucken.

Service

Stallapotheke und Kombinationsmittel

Die homöopathische Stallapotheke

Eine Stallapotheke sollte neben dem gebräuchlichen Verbandsmaterial, Hilfsmittel, wie Schere, Fieberthermometer, Pinzette, Wunddesinfektionsmitteln, Geburtsstricken, auch einige homöopathische Mittel enthalten, die als eine Art „Erste Hilfe" verstanden werden können. Diese Mittel bieten einen guten Einstieg in eine homöopathische Behandlung und können aus Einzelpräparaten, die der Hoftierarzt verschreibt, oder aus einer Auswahl von für Rinder zugelassenen Kombinationspräparaten bestehen. In der Stallapotheke befinden sich in erster Linie Mittel zur Versorgung von Verletzungen, zur Behandlung von Verdauungsstörungen, Herz- und Kreislaufproblemen und für Schwierigkeiten, die im Bereich des Abkalbens und der Jungtieraufzucht liegen. Für den Anfang sollten Sie sich auf eine überschaubare Anzahl von Mitteln einigen, die in Tiefpotenzen und in Globuli-Form oder als Komplexmittel zur Hand sind. Diese können den Start in die Homöopathie erleichtern und durch erste Erfolge zur Weiterentwicklung in diese Richtung anspornen.

WICHTIG

An zentraler Stelle sollten wichtige Telefonnummern von Tierarzt, Klinik, Polizei und Feuerwehr sowie eine Notfallapotheke oder ein „Erste-Hilfe-Set" zur Hand sein.

Ein Vorschlag für eine Stallapotheke

Einzelmittel
in den Potenzen D6, D12 oder D30 bzw. den entsprechenden C-Potenzen:

Aconitum napellus, Apis mellifica, Arnica montana, Arsenicum album
Belladonna, Bryonia
Cantharis, Carbo vegetabilis, China
Ferrum phosphoricum
Gelsemium sempervivum
Hepar sulfuris, Hypericum
Ipecacauanha
Lachesis muta, Ledum palustre
Mercurius solubilis, Millefolium
Nux vomica
Phospor, Phytolacca, Pulsatilla, Pyrogenium
Rhus toxicodendron
Sabina, Silicea, Sulfur
Veratrum album

oder die **Kombinationsmittel**

Traumeel ad us. vet. (Heel)
Echinacea compositum ad us. vet. (Heel)
Crataegus logoplex (Ziegler)
Lachesis compositum N ad us. vet. (Heel)
Nux vomica-logoplex (Ziegler)
Caulophyllum-logoplex (Ziegler)

Handelsübliche Kombinationsmittel

Diese Mittelkombinationen sind besonders für den Anfänger in der Homöopathie zu empfehlen, da sie einfach in der Auswahl und durch ihre erprobte Zusammensetzung sehr wirksam sind. Man wählt sie nach Indikationen aus, beispielweise wenn man eine Entzündung oder ein Leberproblem behandeln möchte, und hat dann nur die Auswahl zwischen verschiedenen Herstellerfirmen.

Handelsübliche Kombinationsmittel

Apis comp. PLV	Örtlich umschriebene, auch eitrig abszedierende Entzündungen von Haut und Schleimhaut bei Gingivitis, Stomatitis, Bronchitis, Gastroenteritis und Pyodermien. (PlantaVet)
Arnica-logoplex (Ziegler)	Bei Traumata unterschiedlichster Genese und deren Folgen, Wunden und Verletzungen von Muskulatur, Knochen, Periost, Gefäßen, Nervengewebe, Bindegewebe, Folgen von Überanstrengung, Blutung, Blutverlust, Distorsionen, Kontusion, Arthritis, Arthrose. (Ziegler)
Articulatio comp. N PLV	Arthritisch-arthrotische Gelenkveränderungen, wie Arthrose, Podotrochlose, Spondylose. (PlantaVet)
Atropinum compositum ad us. vet.	Krämpfe der glatten und quergestreiften Muskulatur, Gallen-, Nieren-, Darmkoliken, stechende, brennende Schmerzen, Diarrhöe, Unruhe. (Heel)
Avena/Phosphor PLV	Bei nervöser Verstimmung, Überempfindlichkeit und Nervosität, Erregung nach Unfall oder Schock, zur Beruhigung. (PlantaVet)
Belladonna-logoplex	Bei Erkältungskrankheiten, Rindergrippe. (Ziegler)
Bronchi comp. PLV	Bei akuten und subakuten entzündlichen Erkrankungen der Atemwege, wie Bronchitis, Tracheitis, Laryngitis, Sinusitis. (PlantaVet)
Broncho-logoplex	Bei akuten und chronischen Atemwegserkrankungen mit schwer löslichem Schleim, spastische Atemwegserkrankungen. (Ziegler)
Bryonia logoplex	Bei rheumatischen und arthritischen Prozessen der verschiedensten Ätiologie. (Ziegler)
Bryonia/Stannum N PLV	Bei Exsudat- und Transsudatbildung an serösen Häuten sowie mit Hydropsie einhergehende Entzündung, wie Arthritis, Bursitis, Tendovaginitis, Pleuritis, Peritonitis, Aszites, Mastitis. (PlantaVet)
B-Vetsan	Akute und chronische Erkrankung der Atemwege. (DHU)
Cactus compositum ad us. vet.	Bei Myokardschwäche, auch infektiöser Genes, Peri- und Endokarditis, Herzrhythmusstörungen, Koronarinsuffizienz. (Heel)
Cantharis compositum ad us. vet.	Bei Blasenentzündung, Nierenbeckenentzündung, Nierenentzündung, Blasentenesmen, Haut brennend mit Blasenbildung. (Heel)
Carduus compositum ad us. vet.	Akute und chronische Leber- und Gallenerkrankung, alle Folgeerkrankungen davon, Stoffwechselstörungen, Verdauungsprobleme. (Heel)
Caulophyllum-logoplex	Bei der Vorbereitung der Geburt, Unterstützung der Wehentätigkeit, Vorbeugung und Behandlung von Retentio secundarium und postpartalen Gebärmutter- und Blasenerkrankungen. (Ziegler)

Handelsübliche Kombinationsmittel

China-logoplex	Bei Krämpfigkeit, ernährungsbedingten Knochenerkrankungen, wie Osteomalazie und Rachitis, Lebensschwäche der Neugeborenen, anämische, kachektische Zustände im Anschluss an Überanstrengung und im Rekonvaleszensstadium, Schwächezustände. (Ziegler)
Coenzyme compositum ad us. vet.	Zur Anregung enzymatischer Abläufe insbesondere der Energiegewinnung, bei degenerativen und chronischen Erkrankungen. (Heel)
Crataegus-logoplex	Bei Herz- und Kreislaufstörungen, akute und chronische Herzinsuffizienz, Gefäßschwäche im Verlauf von Infektionskrankheiten oder bei Intoxikationen. (Ziegler)
Derma-logoplex	Unterstützende Therapie bei Hauterkrankungen, Ekzemen, Exanthemen und Dermatitiden unterschiedlichster Genese, stumpfen und glanzlosem Fell. (Ziegler)
Discus compositum ad us. vet.	Bei Gelenk- und Bindegewebserkrankungen, z. B. Arthritis, Arthrose, Periarthritis, Erkrankung der Sehnen, Bänder und der Knochenhaut. (Heel)
Dysenteral 8	Bei Durchfallerkrankungen. (WeraVet)
Echinacea compositum ad us. vet.	Bei bakteriellen Infektionen verschiedener Organsysteme, Entzündungen, Fieber, auch prophylaktisch. (Heel)
Endometrium comp. A PLV	Bei akuten bis subakuten entzündlichen Erkrankungen der Gebärmutterschleimhaut, wie Endometritis, Pyometra. (PlantaVet)
Engystol ad us. vet.	Aktiviert die unspezifische Abwehr, virale Erkrankungen, reduziert Stressfolgen, „Umstimmung" bei Allergien und Dermatosen. (Heel)
Euphorbium compositum ad us. vet.	Bei akuten und chronischen Rhinitiden und Sinusitiden, viralen Erkrankungen. (Heel)
Febrisal 4	Bei initialen Fieberzuständen, Koliken, unterstützend der Mastitisbehandlung, Puerperalerkrankung. (WeraVet)
Ferrosal 17	Bei Gastroenteritis, fieberhafter Erkrankung bei Jungtieren, Konstitutionsmittel bei entsprechend zarten Tieren. (WeraVet)
Flor de piedra-compositum und -logoplex	Bei Azetonämie, zur Regulierung der Leberfunktion und Leberschutztherapie bei infektiösen Erkrankungen, wie z. B. Virusgrippe, Nierenerkrankungen, Mastitiden, Erhöhung der Zellzahlen, Leistungsminderung. (Ziegler)
Galium comp.-Heel ad us. vet.	Zur Immunmodulation bei chronischen Erkrankungen verschiedener Genese und zur „Zellreinigung". (Heel)
Ginseng-logoplex und Ginseng S-logoplex	Bei Erschöpfungszuständen, in der Rekonvaleszens. (Ziegler)
Hepar comp. N PLV (PlantaVet)	Bei degenerativen und chronisch entzündlichen Erkrankungen der Leber, wie Leberinsuffizienz, Hepatopathie, Ekzemen. (PlantaVet)

Handelsübliche Kombinationsmittel

Hormeel ad us. vet.	Bei funktionellen Störungen im weiblichen Zyklus, Sterilität, Brunstlosigkeit, Fluor albus, endokrine Dysfunktionen, Vaginitis bei Jungtieren. (Heel)
Immulon	Zur Steigerung der erregerunspezifischen Infektionsabwehr, z. B. gegen entzündliche und fieberhafte Atemwegs- und Durchfallerkrankungen, auch vorbeugend. (Dr. Schaette)
Keratisal 6	Bei Augenentzündung, Bindehautentzündung, Hornhautentzündung und -trübung. (WeraVet)
Lachesis-logoplex	Bei infektiösen Erkrankungen im postpartalen Zeittraum, Vorbeugung und Therapie des MMA-Komplexes der Sauen, infizierte Secundinae, Lochiometra, Endometritis puerperalis, Mastitis, Bronchopneumonie, Nephritis, Zystitis. (Ziegler)
Lachesis/Argentum comp. PLV	Bei akuten bis subakuten entzündlichen, fieberhaften, auch eitrigen, septischen Prozessen, wie Mastitis, Phlegmone, und anderen bakteriellen Infekten. (PlantaVet)
Lachesis compositum ad us. vet.	Bei septischer Tendenz bei Entzündungen und Eiterungen, Phlegmone, Endometritis, Nachgeburtsverhalten, trockenes Fieber. (Heel)
Lactovetsan	Anregung der Milchsekretion und Unterstützung der Mastitis-Therapie. (DHU)
Laseptal	Steigerung der körpereigenen Abwehr bei primären und sekundären bakteriellen Erkrankungen. (DHU)
Metrovetsan	Zur Hyperämisierung und Tonisierung des weiblichen Geschlechtstraktes. (DHU)
Mucosa compositum ad us. vet.	Bei Schleimhauterkrankungen und -katarrhen verschiedener Art und Lokalisation, fördert die Regeneration der Schleimhäute. (Heel)
Nux vomica comp. PLV	Bei Krampfneigung insbesondere der glattmuskulären Hohlorgane, z. B. bei gestörter Darmmotorik, Koliken, Meteorismus, Tympanien, Diarrhöe, spastische Obstipationen. (PlantaVet)
Nux vomica-logoplex	Bei Verdauungsstörungen, regulierende oder unterstützende Therapie bei katarrhalischen und spastischen Koliken, spastischen Obstipationen, akuten Infekten der Atemwege, Druse, chronischen Erkrankungen der Atemwege, Pansenindigestionen, Durchfall nach Fütterungsfehlern, Meteorismus, Labmagendilatation und -verlagerung. (Ziegler)
Nymphosal S 2	Bei Nymphomanie, Degeneration der Ovarien. (WeraVet)
Okoubaka-logoplex	Bei Durchfall unterschiedlichster Genese. (Ziegler)
Oestrovetsan	Zur Regulierung der Funktionsstörung der Eierstöcke. (DHU)
Ovarium compositum ad us. vet.	bei Störungen der Ovarfunktion, unterstützend bei Endometritis, HVL-Insuffiziens bei weiblichen Tieren, Ovarialzysten (Heel)

Handelsübliche Kombinationsmittel

Phytolacca-logoplex	Erstmalig festgestellte hohe Zellzahl in der Milch. (Ziegler)
Phytolacca S-logoplex	Hohe Zellzahl in der Milch, wiederholt auftretend, Mastitis, alle Entzündungen. (Ziegler)
Pyrogenium comp. inject	Gegen entzündliche und fieberhafte Prozesse, gegen Euter-, Gelenk- und Klauenentzündung sowie entzündete Wunden. (Dr. Schaette)
ReVet RV 3A	Alle akuten, fieberhaften oder fieberlosen Infektionen der Atemwege, der Bronchien und Lungenentzündung. (Reckeweg)
ReVet 3C	Alle weniger akut verlaufenden, chronischen und chronisch-wiederauftretenden Erkrankungen der Atemwege, der Bronchien, Asthma, Überblähung der Lunge, Herzhusten. (Reckeweg)
ReVet 4	Primäre und sekundäre Herz- und Kreislaufbeschwerden, Ödeme und Bauchwassersucht. (Reckeweg)
ReVet 5	Leberschutz, Vergiftungen, Pankreaserkrankungen, Verdauungsstörungen. (Reckeweg)
ReVet 6	Dünndarmentzündung, Magen-Darmentzündung, akuter und chronischer Durchfall, Darmvorfall. (Reckeweg)
ReVet 8	Akute und chronische Hautstörungen, Ekzeme. (Reckeweg)
ReVet 11	Lokalisierte oder generalisierte Entzündungen, Fieber, Blutvergiftung. (Reckeweg)
ReVet 12	Erbrechen, Magenentzündung, Labmagenverlagerung, Kollapsneigung. (Reckeweg)
ReVet 13	Hauterkrankungen, Allergien, Überempfindlichkeit, Fortpflanzungsstörungen. (Reckeweg)
ReVet 15	Atypischer Milchfluss, Mastitis, Trockenstell-Prophylaxe, Knotenbildung im Euter. (Reckeweg)
ReVet 17	Gebärmutterrückbildungsstörungen, Störungen des Nachgeburtsverhalten, Scheidenvorfall, starker Ausfluss, Gebärmutterentzündung. (Reckeweg)
ReVet 18	Entzündungen der harnbildenden und harnableitenden Wege, Nierenentzündung, Blasenentzündung, Blut im Urin. (Reckeweg)
ReVet 20	Unfruchtbarkeit, Eierstockzysten, -tumore, Hodenentzündung ...
ReVet 24	Zahnfleischentzündung, Mundschleimhautentzündung, Geschwüre, Probleme mit Lidrand. (Reckeweg)
ReVet 25	Verletzungen, Kollapas, Schmerz, Blutungen, Bluterguss, Festliegen, Zerrung, Knochenbruch, Arthrose. (Reckeweg)
Sabina-logoplex	Zur Einleitung und Unterstützung der Geburt, Lösen der Nachgeburt. (Ziegler)

Handelsübliche Kombinationsmittel

Sangostyptal 16	Als Blutstillungsmittel und bei Blutmelken. (WeraVet)
Scilla comp. PLV	Beginnende Herzinsuffizienz und kardial bedingte Ödeme. (PlantaVet)
Solidago compositum ad us. vet.	Bei akuten und chronischen Erkrankungen der Nieren und Harnwege, Zystitis, Nephrolithiasis, Hydronephrose, funktionelle Unterstützung der Nieren. (Heel)
Solidago-logoplex	Bei akuten und chronischen Erkrankungen der Nieren und Harnwege, wie Zystitis, Nephritis, Anurie. (Ziegler)
Spasmovetsan	Zur Regulierung bei Funktionsstörungen des Verdauungstraktes. (DHU)
Sulfur-logoplex	Bei Hauterkrankungen, Ekzemen, Dermatitiden, stumpfes und glanzloses Fell. (Ziegler)
Taratula-logoplex	Bei Panaritien, Schwanzspitzennekrose, Nekrobazillose, Kälberdiphteroid, Moderhinke, infizierte Mauke, Widerristfistel, Thrombophlebitis. (Ziegler)
Traumeel ad us. vet.	Bei Verletzungen wie Verstauchungen und Verrenkungen, Prellungen, Blut- und Gelenkergüsse, Knochenbrüche, postoperative und posttraumatische Ödeme sowie Weichteilschwellungen. (Heel)
TR 16 Novo-logoplex	Zur Umstimmungs- und ergänzenden Therapie bei entzündlichen und fieberhaften Erkrankungen. (Ziegler)
Uterus comp. A PLV	Zur Behandlung der Gebärmutter bei Atonie, verzögerter Involutio uteri. (PlantaVet)
Veratrum-Homaccord ad us. vet.	bei bakterieller Enteritis und Gastroenteritis mit und ohne Kolik, Kollaps mit zyanotischer oder blasser und kühler Haut (Heel)
Viruvetsan	Mit herz- und kreislaufunterstützender Wirkung zur Steigerung der körpereigenen Abwehr bei Viruserkrankungen. (DHU)
Vitavetsan	Zur Regulierung von Störungen des Calcium- und Phosphorstoffwechsels. (DHU)
Zeel ad us. vet.	Bei degenerativen und rheumatischen Gelenkbeschwerden, Arthrose, Polyarthrose, Spondylarthrose. (Heel)
Die Produkte der Firma PlantaVet sind nur über einen niedergelassenen Tierarzt zu beziehen!	

Service

Weiterführende Literatur

Erkens, C.: **Naturstallapotheke**. Freya Verlag. 2019

Daniel, U.: **Kühe halten**. Verlag Eugen Ulmer, 2017

Daubenmerkel, W.: **Tierkrankheiten und ihre Behandlung: Hund, Katze, Pferd, Schwein, Rind**. Wissenschaftliche Verlagsgesellschaft, 2011

Day, C.: **Gesunde Rinderbestände durch Homöopathie: Aufzucht, Haltung und Behandlung**. Sonntag Verlag, 2008

Dieser, R.: **Homöopathische Taschenapotheke für Tiere: Kurz gesucht und rasch gefunden**. Sonntag Verlag, 2003

Gnadl, B.: **Klassische Homöopathie für Rinder.** 5. Auflage. Eigenverlag Baumgartner.

Hofmann, W.: **Farbatlas Rinderkrankheiten**. Verlag Eugen Ulmer, 2007

Hulsen, J.: **Kuh-Signale: Krankheiten und Störungen früher erkennen**. Landwirtschaftsverlag, 2008

Krüger, C.P.: **Praxisleitfaden Tierhomöopathie: Vom Arzneimittelbild zum Leitsymptom**. Sonntag Verlag, 2016

Labre, P.: **Homöopathie für große und kleine Wiederkäuer: Gesunde Rinder, Schafe und Ziegen**. Sonntag Verlag, 2005

MacLeod, G.: **Homöopathische Behandlung der Rinderkrankheiten: Werkbuch für den engagierten Tierarzt**. Sonntag Verlag, 2006

Maurer, S.: **Praktiker Leitfaden Mastitis klassische Homöopathie**. Eichenhofverlag, 2011

Maurer, S.: **Praktiker-Leitfaden Klauen-Erkrankungen und Lahmheit Klassische Homöopathie**. Verlag Sybille Maurer UG, 2016

Millemann, J.: **Homöopathische Tiermedizin: Praxis und Grundlagen**. Sonntag Verlag, 2005

Ott, M: **Kühe verstehen – Eine neue Partnerschaft beginnt**. Verlag Fona, 2011

Rademacher, G.: **Kälberkrankheiten: Ursachen und Früherkennung – Neue Wege für Vorbeugung und Behandlung**. Verlag Eugen Ulmer, 2013

Saxton, J.: **Lehrbuch der Veterinärhomöopathie**. Sonntag Verlag, 2006

Schoenen-Schragmann, K.: **Schnellfinder Homöopathie für Rinder**. Verlag Eugen Ulmer, 2017

Steingassner, H.-M.: **Homöopathische Materia Medica für Veterinärmediziner**. Maudrich Verlag, 2016

Steingassner, H.-M.: **Homöopathie verstehen: Eine Einführung in die allgemeine Homöopathie**. Maudrich Verlag, 2009

Tiefenthaler, A.: **Homöopathie und biologische Medizin für Haus- und Nutztiere**. Sonntag Verlag, 2006

Nützliche Internetadressen

Netzwerk im Bereich der Tierhomöopathie
www.netzwerk-tierhomoeopathie.de

Ein Homöopathie-Portal mit vielen allgemeinen Informationen
www.globuli.de

Fördergemeinschaft Natur und Medizin mit interessanten Infos zu Naturheilkunde und Komplementärmedizin
www.carstens-stiftung.de

Hier gibt es jede Menge Literatur zum Thema
www.narayana-verlag.de, www.naturmed.de, www.heilbuch.info

Gesellschaft für Ganzheitliche Tiermedizin (mit Zeitschrift für Ganzheitliche Tiermedizin aus dem Sonntag-Verlag)
www.ggtm.de
und daran angegliedert sin die Tierärzte für Homöopathie
www.tieraerzte-fuer-homoeopathiede

Kooperation der Tierheilpraktiker-Verbände als Dachverband von DGT Deutsche Gesellschaft der Tierheilpraktiker und Tierphysiotherapeuten
www.kooperation-thp.de

Der Verband Deutscher Tierheilpraktiker
www.tierheilpraktiker.de

„Arbeitsgemeinschaft der Tierheilpraktiker“
www.ag-thp.de

Information rund um Schwein und Rind
www.tiergesundheitundmehr.de

Ganzheitliche Rindergesundheit von Birgit Gnadl
www.nutztierhomeopathie.de/IGARI.html

Homöopathische Medikamente

DHU Deutsche Homöopathie-Union
www.dhu.de

Heel Biologische Heilmittel Heel GmbH
www.heel.de

PlantaVet Biologische Tierarzneimittel PlantaVet GmbH
www.plantavet.de

Reckeweg Pharmazeutische Fabrik Dr. Reckeweg
www.reckeweg.de

SaluVet GmbH (Schaette und PlantaVet)
www.saluvet.de

Dr. Schaette Dr. Schaette AG
www.dr-schaette.de

WeraVet Biokanol Pharma GmbH
www.weravet.de

Ziegler Franz Ziegler GmbH
www.ziegler-tierarznei.de

Register

Bildquellen:
grintan /Shutterstock.com: Abb. S. 22
guentermanaus/Shutterstock.com: Abb. S. 25
https://commons.wikimedia.org/wiki/File:Samuel_Christian_Friedrich_Hahnemann._Line_engraving_by_L._B_Wellcome_L0016250.jpg: Abb. S. 10
Julian Popov/Shutterstock.com: Abb. S. 25
Kabar /Shutterstock.com: Abb. S. 12
Kopsch, Corinna-Jasmin: Abb. S. 9, 11, 15, 18, 19, 20, 24, Titelbild
macrowildlife/Shutterstock.com: Abb. S. 13
Ulmer-Archiv: Abb. S. 13
wasanajai/Shutterstock.com: Abb. S. 23

Impressum

Haftungsausschluss
In diesem Buch sind die Namen von Medikamenten, die zugleich eingetragene Warenzeichen sind, als solche nicht besonders kenntlich gemacht. Es kann also aus der Bezeichnung der Ware mit dem für diese eingetragenen Warenzeichen nicht geschlossen werden, dass die Bezeichnung ein freier Warenname ist.
Die Markennamen wurden nur beispielhaft aufgeführt. Hinsichtlich der in diesem Buch angegebenen Dosierungen von Medikamenten usw. wurde die größtmögliche Sorgfalt beachtet. Gleichwohl werden die Leser aufgefordert, die entsprechenden Beipackzettel der Hersteller zur Kontrolle heranzuziehen.
Die beispielhafte Auflistung von Medikamenten bzw. Wirkstoffen ist kein Beweis dafür, dass diese in Deutschland zugelassen sind. Der behandelnde Tierarzt ist aufgefordert, die jeweilige (Zulassungs-)Situation zu überprüfen.
Die in diesem Buch enthaltenen Empfehlungen und Angaben sind von der Autorin mit größter Sorgfalt zusammengestellt und geprüft worden. Eine Garantie für die Richtigkeit der Angaben kann aber nicht gegeben werden. Autorin und Verlag übernehmen keinerlei Haftung für Schäden und Unfälle.
Der Verlag Eugen Ulmer ist nicht verantwortlich für die Inhalte der im Buch genannten Links.

Bibliografische Information der Deutschen Nationalbibliothek
Die Deutsche Nationalbibliothek verzeichnet diese Publikation in der Deutschen Nationalbibliografie; detaillierte bibliografische Daten sind im Internet über http://dnb.d-nb.de abrufbar.

Wollgrasweg 41, 70599 Stuttgart (Hohenheim)
E-Mail: info@ulmer.de
Internet: www.ulmer.de
Lektorat: Pia Fehrenbach
Herstellung: Isabell Scherrieble
Umschlagentwurf: Verlag Eugen Ulmer
Satz: r&p digitale medien, Echterdingen
Reproduktion: timeray, Jettingen
Druck und Bindung: Pustet, Regensburg
Printed in Germany

ISBN 978-3-8186-1270-2

HIER KÖNNEN SIE WEITERLESEN

Welches homöopathische Mittel passt? Wenden Sie Homöopathie für Rinder jetzt noch erfolgreicher an. Finden Sie zuverlässig und schnell alle passenden homöopathischen Mittel für die 30 häufigsten Rinderkrankheiten. Mit Einführung in die Hintergründe und Wirkungsweisen der Homöopathie. Wichtige Hinweise zur Konstitution von Rindern, zur Lagerung von homöopathischen Mitteln und zur richtigen Anwendung von Homöopathie bei Rindern.

Schnellfinder Homöopathie für Rinder.
K. Schoenen-Schragmann. 2017. 127 Seiten, 36 Tabellen, Flexcover. ISBN 978-3-8001-0922-7.

Dieses Buch gibt Ihnen einen kurzen und verständlichen Einstieg in das Themengebiet Tierschutzrecht in der Landwirtschaft. Lesen Sie alles über die allgemeinen tierschutzrechtlichen Grundlagen und die tierartenspezifischen Regelungen. Darüber hinaus werden Ihnen die Rechtsgrundlagen im Zusammenhang mit der Schlachtung und dem Tiertransport vorgestellt. Es wird außerdem erklärt, welche Konsequenzen sich aus Verstößen gegen das Tierschutzrecht ergeben können und wie die zuständigen Behörden arbeiten.

Tierschutzrecht für Landwirte. W. Hornauer, C. Jäger, P. Reithmeier. 2020. 141 Seiten, 33 Farbfotos, 18 Tabellen, kart. ISBN 978-3-8186-0956-6.

SO BLEIBEN RINDER GESUND

Erfahren Sie, wie Sie Ihren Bestand durch Haltungsbedingungen, Fütterung und Tierbeobachtung gesund erhalten. Gegliedert nach Biestmilchkalb, Milchkalb, Fresser, Mastbulle, Färse und Kuh werden alle gesundheitsrelevanten Aspekte wie Kälberernährung, Bullenhaltung und Eutergesundheit detailliert besprochen. Und wenn das Rind doch krank wird zeigt Ihnen das Buch, wie Sie Krankheiten wie Kälberdurchfall, Schwanzspitzenentzündung und Mastitis erkennen und welche Lösungsmöglichkeiten es gibt.

Das Buch vermittelt anschaulich und gut lesbar die theoretischen Grundlagen der Rinderhaltung. Viele praktische Hinweise machen das Buch zu einem idealen Ratgeber für den angehenden Rinderhalter und jeden, der über die Haltung von Kühen nachdenkt. Folgende Bereiche zum Thema Rinder werden umfassend angesprochen: Tierpsychologie, Anatomie und Physiologie, Züchtung, Ernährung, Haltungsansprüche, Jungviehaufzucht, Milchverarbeitung und die gesetzlichen Vorschriften.